建筑工程实用施工技术速学宝典

# 砌体结构工程施工技术速学宝典

北京土木建筑学会　主编

U0260149

华中科技大学出版社
http://www.hustp.com
中国·武汉

**图书在版编目(CIP)数据**

砌体结构工程施工技术速学宝典/北京土木建筑学会主编.
—武汉:华中科技大学出版社,2012.8
(建筑工程实用施工技术速学宝典)
ISBN 978-7-5609-7765-2

Ⅰ.①砌… Ⅱ.①北… Ⅲ.①砌体结构-工程施工 Ⅳ.①TU36

中国版本图书馆 CIP 数据核字(2012)第 040686 号

建筑工程实用施工技术速学宝典
砌体结构工程施工技术速学宝典 　　　北京土木建筑学会　主编

出版发行:华中科技大学出版社(中国·武汉)
地　　址:武汉市武昌珞喻路 1037 号(邮编:430074)
出 版 人:阮海洪

责任编辑:刘　伟　　　　　　　　　　　　　　　责任监印:秦　英
责任校对:尹　欣　　　　　　　　　　　　　　　装帧设计:王亚平

印　　刷:北京亚通印刷有限责任公司
开　　本:710mm×1000mm　1/16
印　　张:16
字　　数:295 千字
版　　次:2012 年 8 月第 1 版第 1 次印刷
定　　价:34.80 元

投稿热线:(010) 64155588—8000　hzjztg@163.com
本书若有印装质量问题,请向出版社营销中心调换
全国免费服务热线:400—6679—118 竭诚为您服务
版权所有　侵权必究

# 《砌体结构工程施工技术速学宝典》
## 编委会名单

主编单位：北京土木建筑学会

主　　编：汤　攀　　尚耀宗

副 主 编：满　君　　孙光吉　　袁建旺

编　　委：王金良　李克鹏　王景德　杜　健　孟建琴
　　　　　陈　卫　赵　键　王　锋　王占良　边　嫘
　　　　　李煜昆　杨又申　李冬梅　袁　磊　于　超
　　　　　邹宏雷　李小欣　白志忠　刘　洋　李雪冬
　　　　　王　文　洪素贤

# 内 容 提 要

　　本书详细介绍了建筑工程施工过程中的关键、核心及重点技术环节，主要内容包括常用砌筑材料、砌筑砂浆、施工测量与放线、砖砌体工程、砌块砌体工程、石砌体工程、配筋砌体工程、填充墙砌体工程、砌体工程的冬期施工和雨期施工及安全要求、砌体工程质量通病及防治。

　　本书是建筑工程项目各级工程技术人员、施工操作人员、工程建设监理人员、质量监督人员等的必备工具书，也可作为大中专院校相关专业及建筑施工企业职工的培训教材。

# 前　言

随着我国社会经济的快速发展、建设规模和建设领域投资的不断扩大,建筑工程施工技术日新月异,施工技术的种类和工艺也不断显示出多样性。为此,北京土木建筑学会组织有关单位和长期在建筑工程施工一线工作的工程技术人员,针对现场施工操作的实际情况,编写了这套"建筑工程实用施工技术速学宝典"丛书,以供广大施工设计单位的技术人员工作、学习与参考使用。

本套丛书包括《地基与基础工程施工技术速学宝典》《钢结构工程施工技术速学宝典》《混凝土结构工程施工技术速学宝典》《砌体结构工程施工技术速学宝典》。为了使丛书更具有学习性与实用性,更容易被建筑工程施工操作人员理解与掌握,我们针对建筑工程施工过程中所涉及的关键技术、重点难点技术和直接影响建筑工程施工质量、安全、环境保护等的重要因素,进行了总结和一定深度的剖析、详解,并以图表和文字相结合的形式突出建筑施工技术的重点。全书格局简约,要点明了,便于施工技术人员快速了解、掌握建筑施工技术的核心,易懂、易学,方便应用,可促进施工人员严格执行工程建设程序,坚持合理的施工程序、施工顺序和工艺,使建筑工程符合设计要求,同时满足材料、机具、人员等资源和施工条件要求。

本书包括常用砌筑材料、砌筑砂浆、施工测量与放线、砖砌体工程、砌块砌体工程、石砌体工程、配筋砌体工程、填充墙砌体工程、砌体工程的冬期和雨期施工及安全要求、砌体工程质量通病及防治。

本书内容丰富、翔实,语言简洁,重点突出,力求做到图、文、表并茂,表述准确,取值有据,具有较强的学习性和指导性。本书是建筑工程项目各级工程技术人员、施工操作人员、工程建设监理人员、质量监督人员等的必备工具书,也可作为大中专院校相关专业及建筑施工企业职工培训教材,有助于提高建筑施工企业工程技术人员的整体素质及业务水平。

由于水平有限,书中难免会有不足之处,恳请广大读者批评指正,以便再版时修订。

编　者
2012 年 7 月

# 目　录

# 第一部分　砌体工程常用砌筑材料

## 一、砌筑用砖

### 1. 烧结普通砖

1）分类。

（1）类别。

烧结普通砖按主要原料分为黏土砖、页岩砖、煤矸石砖和粉煤灰砖。

（2）等级。

① 烧结普通砖根据抗压强度分为 MU30、MU25、MU20、MU15、MU10 五个强度等级。

② 强度、抗风化性能和放射性物质合格的烧结普通砖，根据尺寸偏差、外观质量、泛霜和石灰爆裂分为优等品、一等品、合格品三个质量等级。优等品适用于清水墙。一等品、合格品可用于混水墙。中等泛霜的砖不能用于潮湿部位。

（3）规格。

烧结普通砖的外形为直角六面体，其公称尺寸为长 240 mm、宽 115 mm、高 53 mm。配砖规格 175 mm×115 mm×53 mm。

2）要求。

（1）烧结普通砖的尺寸允许偏差应符合表 1-1 所列规定。

表 1-1　烧结普通砖尺寸允许偏差　　　　（单位：mm）

| 公称尺寸 | 优 等 品 | | 一 等 品 | | 合 格 品 | |
|---|---|---|---|---|---|---|
| | 样本平均偏差 | 样本极差 | 样本平均偏差 | 样本极差 | 样本平均偏差 | 样本极差 |
| 240（长） | ±2.0 | ≤6 | ±2.5 | ≤7 | ±3.0 | ≤8 |
| 115（宽） | ±1.5 | ≤5 | ±2.0 | ≤6 | ±2.5 | ≤7 |
| 53（高） | ±1.5 | ≤4 | ≤1.6 | ≤5 | ±2.0 | ≤6 |

（2）烧结普通砖外观质量应符合表 1-2 所列规定。

表 1-2　烧结普通砖外观质量　　　　（单位：mm）

| 项　目 | 优等品 | 一等品 | 合格 |
|---|---|---|---|
| 1. 两条面高度差不大于 | 2 | 3 | 4 |
| 2. 弯曲不大于 | 2 | 3 | 4 |
| 3. 杂质凸出高度不大于 | 2 | 3 | 4 |
| 4. 缺棱掉角的三个破坏尺寸不得同时大于 | 5 | 20 | 30 |
| 5. 裂纹长度不大于 | — | — | — |
| （1）大面上宽度方向及其延伸至条面的长度 | 30 | 60 | 80 |
| （2）大面上长度方向及其延伸至顶面的长度或条顶面上水平裂纹的长度 | 50 | 80 | 100 |
| 6. 完整面不得少于 | 两条面和两顶面 | 一条面和一顶面 | — |
| 7. 颜色 | 基本一致 | | |

注：凡有下列缺陷之一者，不得称为完整面。

　　① 缺损在条面或顶面上造成的破坏面尺寸同时大于 10 mm×10 mm。

　　② 条面或顶面上裂纹宽度大于 1 mm，其长度超过 30 mm。

　　③ 压陷、粘底、焦花在条面或顶面上的凹陷或凸出超过 2 mm，区域尺寸同时大于 10 mm×10 mm。

（3）烧结普通砖的强度等级应符合表 1-3 所列规定。

表 1-3　烧结普通砖强度等级　　　　（单位：MPa）

| 强度等级 | 抗压强度平均值 $f \geqslant$ | 变异系数 $\delta \leqslant 0.21$<br>强度标准值 $f_k \geqslant$ | 变异系数 $\delta > 0.21$<br>单块最小抗压强度值 $f_{min} \geqslant$ |
|---|---|---|---|
| MU30 | 30.0 | 22.0 | 25.0 |
| MU25 | 25.0 | 18.0 | 22.0 |
| MU20 | 20.0 | 14.0 | 16.0 |
| MU15 | 15.0 | 10.0 | 12.0 |
| MU10 | 10.0 | 6.5 | 7.5 |

（4）烧结普通砖的抗风化性能应符合表 1-4 所列规定。

表 1-4 烧结普通砖抗风化性能

| 砖种类 | 严重风化区 | | | | 非严重风化区 | | | |
|---|---|---|---|---|---|---|---|---|
| | 5 h 沸煮吸水率(%)不大于 | | 饱和系数不大于 | | 5 h 沸煮吸水率(%)不大于 | | 饱和系数不大于 | |
| | 平均值 | 单块最大值 | 平均值 | 单块最大值 | 平均值 | 单块最大值 | 平均值 | 单块最大值 |
| 黏土砖 | 18 | 20 | 0.85 | 0.87 | 19 | 20 | 0.88 | 0.90 |
| 粉煤灰砖 | 21 | 23 | | | 23 | 25 | | |
| 页岩砖 | 16 | 18 | 0.74 | 0.77 | 18 | 20 | 0.78 | 0.80 |
| 煤矸石砖 | | | | | | | | |

注:粉煤灰掺入量(体积比)小于 30% 时,按黏土砖规定判定。

(5) 泛霜。

每块砖样应符合下列规定。

优等品:无泛霜。

一等品:不允许出现中等泛霜。

合格品:不允许出现严重泛霜。

(6) 石灰爆裂。

优等品:不允许出现最大破坏尺寸大于 2 mm 的爆裂区域。

一等品:

① 最大破坏尺寸大于 2 mm 且小于等于 10 mm 的爆裂区域,每组砖样不得多于 15 处;

② 不允许出现最大破坏尺寸大于 10 mm 的爆裂区域。

合格品:

① 最大破坏尺寸大于 2 mm 且小于等于 15 mm 的爆裂区域,每组砖样不得多于 15 处。其中大于 10 mm 的不得多于 7 处;

② 不允许出现最大破坏尺寸大于 15 mm 的爆裂区域。

## 2. 烧结多孔砖

1) 分类。

(1) 类别。

烧结多孔砖是以黏土、页岩、煤矸石、粉煤灰、淤泥(江河湖淤泥)及其他固体废弃物等为主要原材料,经焙烧而成的多孔砖。

(2) 规格。

① 砖的外形一般为直角六面体,在与砂浆的接合面上应设有增加结合力的粉刷槽和砌筑砂浆槽,并符合下列要求。

粉刷槽:混水墙用砖,应在条面和顶面上设有均匀分布的粉刷槽或类似结构,深度不小于 2 mm。

砌筑砂浆槽:砌块至少应在一个条面或顶面上设立砌筑砂浆槽。两个条面或顶面都有砌筑砂浆槽时,砌筑砂浆槽深应大于 15 mm 且小于 25 mm;只有一个条面或顶面有砌筑砂浆槽时,砌筑砂浆槽深应大于 30 mm 且小于 40 mm。砌筑砂浆槽宽应超过砂浆槽所在砌块面宽度的 50%。

② 烧结多孔砖的外形为直角六面体,其长度、宽度、高度尺寸应符合下列要求:

砖规格尺寸(mm):290、240、190、180、140、115、90。

砌块规格尺寸(mm):490、440、390、340、290、240、190、180、140、115、90。

其他规格尺寸由供需双方协商确定。

(3)质量等级。

① 强度等级烧结多孔砖根据抗压强度分为 MU30、MU25、MU20、MU15、MU10 五个强度等级。

② 砖的密度等级分为 1 000 级、1 100 级、1 200 级、1 300 级四个等级。

砌块的密度等级分为 900 级、1 000 级、1 100 级、1 200 级四个等级。

(4)产品标记。

砖的产品标记按产品名称、品种、规格、强度等级、密度等级和标准编号顺序编号。

标记示例:规格尺寸 290 mm×140 mm×90 mm、强度等级 MU25、密度1 200级的黏土烧结多孔砖,其标记为:烧结多孔 N 290×140×90　MU 25 1 200《烧结多孔砖和多孔砌块》(GB 13544—2011)。

2)技术要求。

(1)烧结多孔砖的尺寸允许偏差。

烧结多孔砖的尺寸允许偏差应符合表 1-5 所列规定。

表 1-5　烧结多孔砖尺寸允许偏差　　　　(单位:mm)

| 尺　寸 | 样本平均偏差 | 样本极差不大于 |
| --- | --- | --- |
| ＞400 | ±3.0 | 10.0 |
| 300～400 | ±2.5 | 9.0 |
| 200～300 | ±2.5 | 8.0 |
| 100～200 | ±2.0 | 7.0 |
| ＜100 | ±1.5 | 6.0 |

（2）烧结多孔砖的外观质量。

烧结多孔砖的外观质量应符合表 1-6 所列规定。

表 1-6　烧结多孔砖外观质量　　　　　　（单位：mm）

| 项　　　目 | 指　　标 |
|---|---|
| 1. 完整面不得少于 | 一条面和一顶面 |
| 2. 缺棱掉角的三个破坏尺寸不得同时大于 | 30 |
| 3. 裂纹长度 | |
| （1）大面（有孔面）上深入孔壁 15 mm 以上宽度方向及其延伸到条面的长度不大于 | 80 |
| （2）大面（有孔面）上深入孔壁 15 mm 以上长度方向及其延伸到顶面的长度不大于 | 100 |
| （3）条顶面上的水平裂纹不大于 | 100 |
| 4. 杂质在砖面上造成的凸出高度不大于 | 5 |

注：凡有下列缺陷之一者，不能称为完整面。

　① 缺损在条面或顶面上造成的破坏面尺寸同时大于 20 mm×30 mm。

　② 条顶或顶面上裂纹宽度大于 1 mm，其长度超过 70 mm。

　③ 压陷、焦花、粘底在条面或顶面上的凹陷或凸出超过 2 mm，区域最大投影尺寸同时大于 20 mm×30 mm。

（3）密度等级。

烧结多孔砖的密度等级应符合表 1-7 所列规定。

表 1-7　烧结多孔砖密度等级　　　　　（单位：kg/m³）

| 密度等级 | | 3 块砖干燥表观密度平均值 |
|---|---|---|
| 砖 | 砌块 | |
| — | 900 | ≤900 |
| 1 000 | 1 000 | 900～1 000 |
| 1 100 | 1 100 | 1 000～1 100 |
| 1 200 | 1 200 | 1 100～1 200 |
| 1 300 | — | 1 200～1 300 |

（4）强度等级。

烧结多孔砖的强度等级应符合表 1-8 所列规定。

**表 1-8  烧结多孔砖强度等级**　　　　　　　（单位：MPa）

| 强　度　等　级 | 抗压强度平均值 $\overline{f}\geqslant$ | 强度标准值 $f_k\geqslant$ |
|---|---|---|
| MU30 | 30.0 | 22.0 |
| MU25 | 25.0 | 18.0 |
| MU20 | 20.0 | 14.0 |
| MU15 | 15.0 | 10.0 |
| MU10 | 10.0 | 6.5 |

（5）孔型结构及孔洞率。

孔型结构及孔洞率应符合表 1-9 所列规定。

**表 1-9  孔型结构及孔洞率**

| 孔型 | 孔洞尺寸/mm | | 最小外壁厚/mm | 最小肋厚/mm | 孔洞率（%） | | 孔洞排列 |
|---|---|---|---|---|---|---|---|
| | 孔宽度尺寸 $b$ | 孔长度尺寸 $L$ | | | 砖 | 砌块 | |
| 矩形条孔或矩形孔 | ≤13 | ≤40 | ≥12 | ≥5 | 28 | ≥33 | 1. 所有孔洞宽度应相等，孔采用单向或双向交错排列；<br>2. 孔洞排列上下、左右应对称，分布均匀，手抓孔的长度方向尺寸必须平行于砖的条面 |

注：① 矩形孔的孔长 $L$、孔宽 $b$ 满足式 $L\geqslant 3b$ 时，为矩形条孔。

②孔四个角应做成过渡圆角，不得做成直尖角。

③如设有砌筑砂浆槽，则砌筑砂浆槽不计算在孔洞率内。

④规格大的砖应设置手抓孔，手抓孔尺寸为（30～40）mm×（75～85）mm。

（6）泛霜。

每块砖或砌块不允许出现严重泛霜。

（7）石灰爆裂。

①破坏尺寸大于 2 mm 且小于或等于 15 mm 的爆裂区域，每组砖不得多于 15 处，其中大于 10 mm 的不得多于 7 处。

②不允许出现破坏尺寸大于 15 mm 的爆裂区域。

（8）抗风化性能。

抗风化性能应符合表 1-10 所列规定。

表 1-10　烧结多孔砖抗风化性能

| 项目<br>砖种类 | 严重风化区 | | | | 非严重风化区 | | | |
|---|---|---|---|---|---|---|---|---|
| | 5 h 沸煮吸水率(%)<br>不大于 | | 饱和系数不大于 | | 5 h 沸煮吸水率(%)<br>不大于 | | 饱和系数不大于 | |
| | 平均值 | 单块最大值 | 平均值 | 单块最大值 | 平均值 | 单块最大值 | 平均值 | 单块最大值 |
| 黏土砖 | 21 | 23 | 0.85 | 0.87 | 23 | 25 | 0.88 | 0.90 |
| 粉煤灰砖 | 23 | 25 | | | 30 | 32 | | |
| 页岩砖 | 16 | 18 | 0.74 | 0.77 | 18 | 20 | 0.78 | 0.80 |
| 煤矸石砖 | 19 | 21 | | | 21 | 23 | | |

注：粉煤灰掺入量(体积比)小于 30% 时，按黏土砖规定判定。

## 3. 烧结空心砖

1) 分类。

（1）类别。

烧结空心砖按主要原料分为黏土砖、页岩砖、煤矸石砖、粉煤灰砖。

（2）规格。

砖的外形为直角六面体，见图 1-1。其长度有 240 mm、290 mm，宽度有 140 mm、180 mm、190 mm，高度有 90 mm、115 mm。

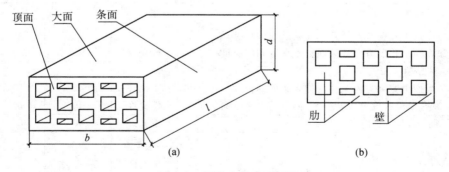

图 1-1　烧结空心砖示意图

(a)侧视图；(b)截面

$l$—长度；$b$—宽度；$d$—高度

（3）等级。

① 抗压强度分为 MU10.0、MU7.5、MU5.0、MU3.5、MU2.5。

② 体积密度分为 800 级、900 级、1 000 级、1 100 级。

③ 强度、密度、抗风化性能和放射性物质合格的砖,根据尺寸偏差、外观质量、孔洞排列,以及其结构、泛霜、石灰爆裂、吸水率,分为优等品(A)、一等品(B)和合格品(C)三个质量等级。

2)技术要求。

(1)尺寸及外观质量。

① 尺寸允许偏差符合表 1-11 所列规定。

表 1-11　烧结空心砖尺寸允许偏差　　　　　　　　(单位:mm)

| 尺　寸 | 优等品 | | 一等品 | | 合格品 | |
|---|---|---|---|---|---|---|
| | 样本平均偏差 | 样本极差不大于 | 样本平均偏差 | 样本极差不大于 | 样本平均偏差 | 样本极差不大于 |
| >300 | ±2.5 | 6.0 | ±3.0 | 7.0 | ±3.5 | 8.0 |
| >200~300 | ±2.0 | 5.0 | ±2.5 | 6.0 | ±3.0 | 7.0 |
| 100~200 | ±1.5 | 4.0 | ±2.0 | 5.0 | ±2.5 | 6.0 |
| <100 | ±1.5 | 3.0 | ±1.7 | 4.0 | ±2.0 | 5.0 |

② 外观质量符合表 1-12 所列规定。

表 1-12　烧结空心砖外观质量　　　　　　　　(单位:mm)

| 项　目 | 优等品 | 一等品 | 合格品 |
|---|---|---|---|
| 1. 弯曲不大于 | 3 | 4 | 5 |
| 2. 缺棱掉角的三个破坏尺寸不得同时大于 | 15 | 30 | 40 |
| 3. 垂直度差不大于 | 3 | 4 | 5 |
| 4. 未贯穿裂纹长度不大于: | | | |
| (1)大面上宽度方向及其延伸到条面的长度; | 不允许 | 100 | 120 |
| (2)大面上长度方向或条面上水平方和的长度 | 不允许 | 120 | 140 |
| 5. 贯穿裂纹长度 | | | |
| (1)大面上宽度方向及其延伸到条面的长度; | 不允许 | 40 | 60 |
| (2)壁、肋沿长度方向、宽度方向及其水平方向的长度 | 不允许 | 40 | 60 |
| 6. 肋、壁内残缺长度不大于 | 不允许 | 40 | 60 |
| 7. 完整面不大于 | 一条面和一大面 | 一条面或一大面 | — |

注:凡有下列缺陷之一者,不能称为完整面。

　① 缺损在大面、条面上造成的破坏面尺寸同时大于 20 mm×30 mm。

　② 大面、条面上裂纹宽度大于 1 mm,其长度超过 70 mm。

　③ 压陷、粘底、焦花在大面、条面上的凹陷或凸出超过 2 mm,区域尺寸同时大于 20 mm×30 mm。

（2）强度等级。

强度等级应符合表 1-13 所列规定。

**表 1-13　烧结空心砖强度等级**　　　　（单位：MPa）

| 强度等级 | 抗压强度/MPa | | | 密度等级范围/（kg/m³） |
| | 抗压强度平均值 $\bar{f} \geqslant$ | 变异系数 $\delta \leqslant 0.21$ 强度标准值 $f_k \geqslant$ | 变异系数 $\delta > 0.21$ 单块最小抗压强度值 $f_{min} \geqslant$ | |
| --- | --- | --- | --- | --- |
| MU10.0 | 10.0 | 7.0 | 8.0 | $\leqslant 1\ 100$ |
| MU7.5 | 7.5 | 5.0 | 5.8 | |
| MU5.0 | 5.0 | 3.5 | 4.0 | |
| MU3.5 | 3.5 | 2.5 | 2.8 | |
| MU2.5 | 2.5 | 1.6 | 1.8 | $\leqslant 800$ |

（3）密度等级。

密度等级应符合表 1-14 所列规定。

**表 1-14　烧结空心砖密度等级**　　　　（单位：kg/m³）

| 密度等级 | 5 块密度平均值 |
| --- | --- |
| 800 | $\leqslant 800$ |
| 900 | $801 \sim 900$ |
| 1 000 | $901 \sim 1\ 000$ |
| 1 100 | $1\ 001 \sim 1\ 100$ |

（4）孔洞率和孔洞排列。

孔洞率和孔洞排列应符合表 1-15 所列规定。

**表 1-15　烧结空心砖孔洞排列及其结构**

| 等　级 | 孔洞排列 | 孔洞排数/排 | | 孔洞率（%） |
| | | 宽度方向 | 高度方向 | |
| --- | --- | --- | --- | --- |
| 优等品 | 有序交错排列 | $b \geqslant 200$ mm：$\geqslant 7$ $b \leqslant 200$ mm：$\geqslant 5$ | $\geqslant 2$ | $\geqslant 40$ |
| 一等品 | 有序排列 | $b \geqslant 200$ mm：$\geqslant 5$ $b < 200$ mm：$\geqslant 4$ | $\geqslant 2$ | |
| 合格品 | 有序排列 | $\geqslant 3$ | — | |

注：$b$ 为宽度的尺寸。

(5) 泛霜。

每块砖应符合下列规定：

① 优等品：无泛霜。

② 一等品：不允许出现中等泛霜。

③ 合格品：不允许出现严重泛霜。

(6) 石灰爆裂。

每组砖应符合下列规定：

① 优等品：不允许出现最大破坏尺寸大于 2 mm 的爆裂区域。

② 一等品：

a. 最大破坏尺寸大于 2 mm 且小于等于 10 mm 的爆裂区域，每组砖不得多于 15 处；

b. 不允许出现最大破坏尺寸大于 10 mm 的爆裂区域。

③ 合格品：

a. 最大破坏尺寸大于 2 mm 且小于等于 15 mm 的爆裂区域，每组砖不得多于 15 处，其中大于 10 mm 的不得多于 7 处；

b. 不允许出现最大破坏尺寸大于 15 mm 的爆裂区域。

(7) 吸水率。

每组砖的吸水率平均值应符合表 1-16 所列规定。

表 1-16 烧结空心砖吸水率最大值(%)

| 等　　级 | 黏土砖和砌块、页岩砖和砌块、煤矸石砖和砌块 | 粉煤灰砖和砌块* |
|---|---|---|
| 优等品 | 16.0 | 20.0 |
| 一等品 | 18.0 | 22.0 |
| 合格品 | 20.0 | 24.0 |

注：* 粉煤灰掺入量(体积比)小于 30% 时，按黏土砖和砌块规定判定。

(8) 抗风化性能。

① 风化区的划分见《烧结空心砖和空心砌块》(GB 13545—2003)附录 A。

② 严重风化区中的 1、2、3、4、5 地区的砖和砌块必须进行冻融试验，其他地区砖和砌块的抗风化性能符合表 1-17 所列规定时可不做冻融试验，否则必须进行冻融试验。

表 1-17 烧结空心砖抗风化性能

| 分 类 | 饱和系数不大于 | | | |
|---|---|---|---|---|
| | 严重风化区 | | 非严重风化区 | |
| | 平均值 | 单块最大值 | 平均值 | 单块最大值 |
| 黏土砖 | 0.85 | 0.87 | 0.88 | 0.90 |
| 粉煤灰砖 | | | | |
| 页岩砖 | 0.74 | 0.77 | 0.78 | 0.80 |
| 煤矸石砖 | | | | |

③ 冻融试验后,每块砖不允许出现分层、掉皮、缺棱掉角等冻坏现象;冻后裂纹长度不大于表 1-12 中 4、5 项合格品的规定。

## 4. 蒸压灰砂砖

1) 蒸压灰砂砖分类。

(1) 分类。

根据灰砂砖的颜色分为彩色的(Co)、本色的(N)。

(2) 规格。

砖的外形为直角六面体。砖的公称尺寸为长度 240 mm,宽度 115 mm,高度 53 mm。生产其他规格尺寸产品,由用户与生产厂协商确定。

(3) 等级。

① 强度级别。根据抗压强度和抗折强度分为 MU25、MU20、MU15、MU10 四级。

② 质量等级。根据尺寸偏差和外观质量、强度及抗冻性分为优等品(A)、一等品(B)、合格品(C)。

(4) 适用范围。

① MU15、MU20、MU25 的砖可用于基础及其他建筑,MU10 的砖仅可用于防潮层以上的建筑。

② 灰砂砖不得用于长期受热 200℃以上、受急冷急热和有酸性介质侵蚀的建筑部位。

2) 技术要求。

(1) 尺寸偏差和外观应符合表 1-18 所列规定。

表 1-18 蒸压灰砂砖尺寸偏差和外观

| 项 目 | | | 指 标 | | |
|---|---|---|---|---|---|
| | | | 优等品 | 一等品 | 合格品 |
| 尺寸允许偏差/mm | 长度 | L | ±2 | ±2 | ±3 |
| | 宽度 | B | ±2 | | |
| | 高度 | H | ±1 | | |
| 缺棱掉角 | 个数不多于/个 | | 1 | 1 | 2 |
| | 最大尺寸不得大于/mm | | 10 | 15 | 20 |
| | 最小尺寸不得大于/mm | | 5 | 10 | 10 |
| | 对应高度差不得大于/mm | | 1 | 2 | 3 |
| 裂 纹 | 条数不多于/条 | | 1 | 1 | 2 |
| | 大面上宽度主向及其延伸到条面的长度不得大于/mm | | 20 | 50 | 70 |
| | 大面上长度方向及其延伸到顶面上的长度或条、顶面水平裂纹的长度不得大于/mm | | 30 | 70 | 100 |

（2）颜色应基本一致，无明显色差，但对本色灰砂砖不作规定。

（3）抗压强度和抗折强度应符合表 1-19 所列规定。

表 1-19 蒸压灰砂砖力学性能 （单位：MPa）

| 强度级别 | 抗 压 强 度 | | 抗 折 强 度 | |
|---|---|---|---|---|
| | 平均值不小于 | 单块值不小于 | 平均值不小于 | 单块值不小于 |
| MU25 | 25.0 | 20.0 | 5.0 | 4.0 |
| MU20 | 20.0 | 16.0 | 4.0 | 3.2 |
| MU15 | 15.0 | 12.0 | 3.3 | 2.6 |
| MU10 | 10.0 | 8.0 | 2.5 | 2.0 |

注：优等品的强度级别不得小于 MU15。

（4）抗冻性应符合表 1-20 所列规定。

表 1-20　蒸压灰砂砖抗冻性指标

| 强度级别 | 冻后抗压强度平均值不小于/MPa | 单块砖的干重损失不大于(%) |
|---|---|---|
| MU25 | 20.0 | 2.0 |
| MU20 | 16.0 | 2.0 |
| MU15 | 12.0 | 2.0 |
| MU10 | 8.0 | 2.0 |

注:优等品的强度级别不得小于 MU15。

## 5. 蒸压灰砂多孔砖

1) 分类。

(1) 产品规格。

① 蒸压灰砂多孔砖规格应符合表 1-21 所列规定。

表 1-21　蒸压灰砂多孔砖产品规格　　　　（单位:mm）

| 长 | 宽 | 高 |
|---|---|---|
| 240 | 115 | 90 |
| 240 | 115 | 115 |

注:① 经供需双方协商可生产其他规格的产品;

② 对于不符合本表尺寸的砖,用长×宽×高尺寸表示。

② 孔洞采用圆形或其他孔形。孔洞应垂直于大面。

(2) 产品等级。

① 按抗压强度分为 MU30、MU25、MU20、MU15 四个等级。

② 按尺寸允许偏差和外观质量将产品分为优等品(A)和合格品(C)。

2) 技术要求。

(1) 尺寸允许偏差。

尺寸允许偏差应符合表 1-22 所列规定。

表 1-22　蒸压灰砂多孔砖尺寸允许偏差　　　　（单位:mm）

| 尺寸 | 优等品 | | 合格品 | |
|---|---|---|---|---|
| | 样本平均偏差 | 样本极差不大于 | 样本平均偏差 | 样本极差不大于 |
| 长度 | ±2.0 | 4 | ±2.5 | 6 |
| 宽度 | ±1.5 | 3 | ±2.0 | 5 |
| 高度 | ±1.5 | 2 | ±1.5 | 4 |

（2）外观质量。

外观质量应符合表 1-23 所列规定。

表 1-23　蒸压灰砂多孔砖外观质量

| 项目 | | 指标 | |
|---|---|---|---|
| | | 优等品 | 合格品 |
| 缺棱掉角 | 最大尺寸不大于/mm | 10 | 15 |
| | 大于以上尺寸的缺棱掉角个数不大于/个 | 0 | 1 |
| 裂纹长度 | 大面宽度方向及其延伸到条面的长度不大于/mm | 20 | 50 |
| | 大面长度方向及其延伸到顶面,或条面长度方向及其延伸到顶面的水平裂纹长度不大于/mm | 30 | 70 |
| | 大于以上尺寸的裂纹条数不大于/条 | 0 | 1 |

（3）孔型、孔洞率及孔洞结构。

孔洞排列上下左右应对称,分布均匀;圆孔直径不大于 22 mm;非圆孔内切圆直径不大于 15 mm;孔洞外壁厚度不小于 10 mm;肋厚度不小于 7 mm;孔洞率不小于 25%。

（4）强度等级。

强度等级应符合表 1-24 所列规定。

表 1-24　蒸压灰砂多孔砖强度等级　　　　　　（单位:MPa）

| 强度等级 | 抗压强度 | |
|---|---|---|
| | 平均值不小于 | 单块最小值不小于 |
| MU30 | 30.0 | 24.0 |
| MU25 | 25.0 | 20.0 |
| MU20 | 20.0 | 16.0 |
| MU15 | 15.0 | 12.0 |

（5）抗冻性。

① 抗冻性应符合表 1-25 所列规定。

表 1-25 蒸压灰砂多孔砖抗冻性

| 强度等级 | 冻后抗压强度平均值不小于/MPa | 单块砖的干重损失不大于(%) |
|---|---|---|
| MU30 | 24.0 | |
| MU25 | 20.0 | 2.0 |
| MU20 | 16.0 | |
| MU15 | 12.0 | |

② 冻融循环次数应符合以下规定：夏热冬暖地区 15 次，夏热冬冷地区 25 次，寒冷地区 35 次，严寒地区 50 次。

（6）碳化性能。

碳化系数应不小于 0.85。

（7）软化性能。

软化系数应不小于 0.85。

（8）干燥收缩率。

干燥收缩率应不大于 0.050%。

（9）放射性。

放射性应符合《建筑材料放射性核素限量》(GB 6566—2010)所列规定。

## 6. 粉煤灰砖

1）分类。

（1）类别。

砖的颜色分为本色(N)和彩色(Co)。

（2）规格。

砖的外形为直角六面体。砖的公称尺寸为：长度 240 mm、宽度 115 mm、高度 53 mm。

（3）等级。

① 强度等级分为 MU30、MU25、MU20、MU15、MU10。

② 质量等级根据尺寸偏差、外观质量、强度等级、干燥收缩分为优等品(A)、一等品(B)、合格品(C)。

（4）适用范围。

① 粉煤灰砖可用于工业与民用建筑的墙体和基础，但用于基础或易受冻融和干湿交替作用的建筑部位必须使用 MU15 及以上强度等级的砖。

② 粉煤灰砖不得用于长期受热(200℃以上)、受急冷急热和有酸性介质侵蚀的建筑部位。

2) 技术要求。

(1) 尺寸偏差和外观应符合表 1-26 所列规定。

**表 1-26　粉煤灰砖尺寸偏差和外观**　　　　　　(单位:mm)

| 项　　目 | | 指　　标 | | |
|---|---|---|---|---|
| | | 优等品(A) | 一等品(B) | 合格品(C) |
| 尺寸<br>允许偏差 | 长 $L$ | ±2 | ±3 | ±4 |
| | 宽 $B$ | ±2 | ±3 | ±4 |
| | 高 $H$ | ±1 | ±2 | ±3 |
| 对应高度差不大于 | | 1 | 2 | 3 |
| 缺棱掉角的最小破坏尺寸不大于 | | 10 | 15 | 20 |
| 完整面不少于 | | 二条面和一顶面或<br>二顶面和一条面 | 一条面和一顶面 | 一条面和一顶面 |
| 裂纹长度 | 1. 大面宽度方向的裂纹(包括延伸到条面上的长度)不大于 | 30 | 50 | 70 |
| | 2. 其他裂纹不大于 | 50 | 70 | 100 |
| 层裂 | | 不允许 | | |

注:在条面或顶面上破坏面的两个尺寸同时大于 10 mm 和 20 mm 者为非完整面。

(2) 色差:色差应不显著。

(3) 强度等级应符合表 1-27 所列规定,优等品砖的强度等级应不低于 MU15。

**表 1-27　粉煤灰砖强度指示**　　　　　　(单位:MPa)

| 强 度 等 级 | 抗 压 强 度 | | 抗 折 强 度 | |
|---|---|---|---|---|
| | 10 块平均值<br>不小于 | 单块值<br>不小于 | 10 块平均值<br>不小于 | 单块值<br>不小于 |
| MU30 | 30.0 | 24.0 | 6.2 | 5.0 |
| MU25 | 25.0 | 20.0 | 5.0 | 4.0 |
| MU20 | 20.0 | 16.0 | 4.0 | 3.2 |
| MU15 | 15.0 | 12.0 | 3.3 | 2.6 |
| MU10 | 10.0 | 8.0 | 2.5 | 2.0 |

(4) 抗冻性应符合表 1-28 所列规定。

表 1-28　粉煤灰砖抗冻性

| 强度等级 | 抗压强度平均值<br>不小于/MPa | 砖的干重损失单块值<br>不大于(%) |
|---|---|---|
| MU30 | 24.0 | |
| MU25 | 20.0 | |
| MU20 | 16.0 | 2.0 |
| MU15 | 12.0 | |
| MU10 | 8.0 | |

（5）干燥收缩值：优等品和一等品应不大于 0.65 mm/m，合格品应不大于 0.75 mm/m。

（6）碳化系数 $K_c \geqslant 0.8$。

## 7. 蒸压粉煤灰多孔砖

1）分类。

（1）规格。

多孔砖的外形为直角六面体，其长度、宽度、高度应符合表 1-29 所列规定。

表 1-29　蒸压粉煤灰多孔砖规格　　　　　　　（单位：mm）

| 长度 L | 宽度 B | 高度 H |
|---|---|---|
| 360、330、290、240、190、140 | 240、190、115、90 | 115、90 |

注：其他规格尺寸由供需双方协商后确定，如施工中采用薄灰缝，相关尺寸可作相应调整。

（2）等级。

按强度分为 MU15、MU20、MU25 三个等级。

2）技术要求。

（1）外观质量和尺寸偏差。

外观质量和尺寸偏差应符合表 1-30 所列规定。

表 1-30　蒸压粉煤灰多孔砖外观质量和尺寸偏差

| 项目名称 | | | 技术指标 |
|---|---|---|---|
| 外观质量 | 缺棱掉角 | 个数应不大于/个 | 2 |
| | | 三个方向投影尺寸的最大值应不大于/mm | 15 |
| | 裂纹 | 裂纹延伸的投影尺寸累计应不大于/mm | 20 |
| | 弯曲应不大于/mm | | 1 |
| | 层裂 | | 不允许 |

续表

| 项目名称 | | 技术指标 |
|---|---|---|
| 尺寸偏差 | 长度 | +2,−1 |
| | 宽度 | +2,−1 |
| | 高度 | ±2 |

（2）孔洞率。

孔洞率应不小于 25%，不大于 35%。

（3）强度等级。

强度等级应符合表 1-31 所列规定。

表 1-31　蒸压粉煤灰多孔砖强度等级

| 强度等级 | 抗压强度/MPa | | 抗折强度/MPa | |
|---|---|---|---|---|
| | 5块平均值不小于 | 单块最小值不小于 | 5块平均值不小于 | 单块最小值不小于 |
| MU15 | 15.0 | 12.0 | 3.8 | 3.0 |
| MU20 | 20.0 | 16.0 | 5.0 | 4.0 |
| MU25 | 25.0 | 20.0 | 6.3 | 5.0 |

（4）抗冻性。

抗浆性应符合表 1-32 所列规定。

表 1-32　蒸压粉煤灰多孔砖抗冻性

| 使用地区 | 抗冻指标 | 质量损失率（%） | 抗压强度损失率（%） |
|---|---|---|---|
| 夏热冬暖地区 | F15 | | |
| 夏热冬冷地区 | F25 | ≤5 | ≤25 |
| 寒冷地区 | F35 | | |
| 严寒地区 | F50 | | |

（5）线性干燥收缩值。

线性干燥收缩值应不大于 0.50 mm/m。

（6）碳化系数。

碳化系数应不小于 0.85。

（7）吸水率。

吸水率应不大于 20%。

（8）放射性核素限量。

放射性核素限量应符合《建筑材料放射性核素限量》（GB 6566—2010）规定。

## 8. 非烧结垃圾尾矿砖

1）分类。

（1）按抗压强度分为 MU25、MU20、MU15 三个等级。

（2）规格：外形为矩形体。砖的公称尺寸为长 240 mm、宽 115 mm、高 53 mm。其他规格尺寸由供需双方协商确定。

2）技术要求。

（1）尺寸偏差。

尺寸偏差应符合表 1-33 所列规定。

表 1-33　非烧结垃圾尾矿砖尺寸偏差　　　　　（单位：mm）

| 项目名称 | 合格品 |
|---|---|
| 长度 | ±2.0 |
| 宽度 | ±2.0 |
| 高度 | ±2.0 |

（2）外观质量。

外观质量应符合表 1-34 所列规定。

表 1-34　非烧结垃圾尾矿砖外观质量

| 项目名称 | | 合格品 |
|---|---|---|
| 弯曲不大于/mm | | 2.0 |
| 缺棱掉角 | 个数/个 | ≤1 |
| | 三个方向投影尺寸的最小值/mm | ≤10 |
| 完整面 | | 不少于一条面和一顶面 |
| 裂缝长度：<br>1.大面上宽度方向及其延伸到条面的长度不大于/mm；<br>2.大面上长度方向及其延伸到顶面上的长度，或条、顶面水平裂纹的长度不大于/mm | | 30<br>50 |
| 层裂 | | 不允许 |
| 颜色 | | 基本一致 |

（3）强度。

强度等级应符合表 1-35 所列规定。

表 1-35　非烧结垃圾尾矿砖强度等级　　　　　　（单位：MPa）

| 强度等级 | 抗压强度平均值 $\overline{f}\geqslant$ | 变异系数 $\delta\leqslant0.21$ | 变异系数 $\delta\geqslant0.21$ |
| --- | --- | --- | --- |
| | | 强度标准值 $f_k\geqslant$ | 单块最小抗压强度 $f_{min}\geqslant$ |
| MU25 | 25.0 | 19.0 | 20.0 |
| MU20 | 20.0 | 14.0 | 16.0 |
| MU15 | 15.0 | 10.0 | 12.0 |

（4）抗冻性。

抗冻性应符合表 1-36 所列规定。

表 1-36　非烧结垃圾尾矿砖抗冻性

| 强度等级 | 冻后抗压强度平均值不小于/MPa | 单块砖的干重损失不大于（%） |
| --- | --- | --- |
| MU25 | 22.0 | 2.0 |
| MU20 | 16.0 | 2.0 |
| MU15 | 12.0 | 2.0 |

（5）干燥收缩率。

干燥收缩率平均值不应大于 0.06%。

（6）吸水率。

吸水率单块值不大于 18%。

（7）碳化性能和软化性能。

① 碳化性能应符合表 1-37 所列规定。

表 1-37　非烧结垃圾尾矿砖碳化性能

| 强度等级 | 碳化后强度平均值不小于 |
| --- | --- |
| MU25 | 22.0 |
| MU20 | 16.0 |
| MU15 | 12.0 |

② 软化性能平均值 $K_f\geqslant0.80$。

（8）放射性。

放射性核素限量应符合《建筑材料放射性核素限量》(GB 6566—2010)规定。

# 二、砌筑用砌块

## 1. 烧结多孔砌块

（1）烧结多孔砌块按主要原料分为黏土砌块（N），页岩砌块、煤矸石砌块（M），粉煤灰砌块、淤泥砌块（U），以及固体废弃物砌块。

（2）砌块的长度、宽度、高度应符合下列要求。

砌块规格尺寸：490 mm、440 mm、390 mm、340 mm、290 mm、240 mm、190 mm、180 mm、140 mm、115 mm、90 mm。

（3）其他内容参见本章"一、砌筑用砖"第 2 条"烧结多孔砖"相应内容。

## 2. 烧结空心砌块

（1）烧结空心砌块按原料分为黏土空心砌块（N），页岩砌块、煤矸石砌块粉煤灰砌块。

（2）其他内容参见本章"一、砌筑用砖"第 2 条"烧结多孔砖"相应内容。

## 3. 普通混凝土小型空心砌块

1）普通混凝土小型空心砌块产品分类。

（1）普通混凝土小型空心砌块以水泥、砂、碎石或卵石、水等预制而成。混凝土小型空心砌块各部位名称见图 1-2。

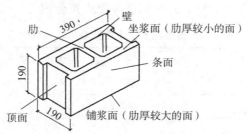

**图 1-2　普通混凝土小型空心砌块**

（2）普通混凝土小型空心砌块按尺寸偏差和外观质量分为优等品、一等品和合格品。

（3）普通混凝土小型空心砌块分为六个强度等级：MU3.5、MU5.0、MU7.5、MU10.0、MU15.0、MU20.0。

2）混凝土小型空心砌块技术要求。

（1）普通混凝土小型空心砌块主规格尺寸为 390 mm×190 mm×190 mm，有两个方形孔，最小外壁厚应不小于 30 mm，最小肋厚应不小于 25 mm，空心率应不小于 25%（见图 1-2）。

（2）普通混凝土小型空心砌块的尺寸允许偏差应符合表 1-38 所列规定。

表 1-38　普通混凝土小型空心砌块尺寸允许偏差　　　（单位：mm）

| 项目名称 | 优等品（A） | 一等品（B） | 合格品（C） |
|---|---|---|---|
| 长度 | ±2 | ±3 | ±3 |
| 宽度 | ±2 | ±3 | ±3 |
| 高度 | ±2 | ±3 | +3，-4 |

（3）普通混凝土小型空心砌块外观质量应符合表 1-39 所列规定。

表 1-39　普通混凝土小型空心砌块外观质量

| 项　目 | 优等品 | 一等品 | 合格品 |
|---|---|---|---|
| 弯曲不大于/mm | 2 | 2 | 3 |
| 掉角缺棱不多于/个 | 0 | 2 | 2 |
| 三个方向投影尺寸的量小值不大于/mm | 0 | 20 | 30 |
| 裂纹延伸的投影尺寸累计不大于/mm | 0 | 20 | 30 |

（4）普通混凝土小型空心砌块强度等级应符合表 1-40 所列规定。

表 1-40　普通混凝土小型空心砌块强度等级　　　（单位：MPa）

| 强度等级 | 砌块抗压强度 | |
|---|---|---|
| | 平均值不小于 | 单块最小值不小于 |
| MU3.5 | 3.5 | 2.8 |
| MU5.0 | 5.0 | 4.0 |
| MU7.5 | 7.5 | 6.0 |
| MU10.0 | 10.0 | 8.0 |
| MU15.0 | 15.0 | 12.0 |
| MU20.0 | 20.0 | 16.0 |

（5）相对含水率应符合表 1-41 所列规定。

表 1-41　普通混凝土小型空心砌块的相对含水率

| 使用地区 | 潮湿 | 中等 | 干燥 |
|---|---|---|---|
| 相对含水率不大于(%) | 45 | 40 | 35 |

注：① 潮湿系指年平均相对湿度大于 75% 的地区；

② 中等系指年平均相对湿度 50%～75% 的地区；

③ 干燥系指年平均相对湿度小于 50% 的地区。

（6）抗渗性：用于清水墙的砌块，其抗渗性应满足表 1-42 所列规定。

表 1-42　普通混凝土小型空心砌块的抗渗性　　　　（单位：mm）

| 项目名称 | 指　标 |
|---|---|
| 水面下降高度 | 3 块中任一块不大于 10 |

（7）抗冻性应符合表 1-43 所列规定。

表 1-43　普通混凝土小型空心砌块的抗冻性

| 使用环境条件 | | 抗冻等级 | 指　标 |
|---|---|---|---|
| 非采暖地区 | | 不规定 | — |
| 采暖地区 | 一般环境 | F15 | 强度损失不大于 25%；重量损失不大于 5% |
| | 干湿交替环境 | F25 | |

注：① 非采暖地区指最冷月份平均气温高 −5℃的地区；

② 采暖地区指最冷月份平均气温低于或等于 −5℃的地区。

## 4. 轻骨料混凝土小型空心砌块

1）轻骨料混凝土小型空心砌块产品分类。

（1）类别。

按砌块孔的排数分为五类：实心（0）、单排孔（1）、双排孔（2）、三排孔（3）和四排孔（4）。

（2）等级。

① 按砌块密度等级分为八级：500 级、600 级、700 级、800 级、900 级、1 000 级、1 200 级、1 400 级。

注：实心砌块的密度等级不应大于 800 级。

② 按砌块强度等级分为六级：1.5 级、2.5 级、3.5 级、5.0 级、7.5 级、

10.0 级。

③ 按砌块尺寸允许偏差和外观质量,分为两个等级:一等品(B)和合格品(C)。

2)轻骨料混凝土小型空心砌块技术要求。

(1)轻骨料混凝土小型空心砌块的主规格尺寸为 390 mm×190 mm× 190 mm,其他规格尺寸可由供需双方商定。其尺寸允许偏差应符合表 1-44 所列规定。

表 1-44　轻骨料混凝土小型空心砌块规格尺寸偏差　　　(单位:mm)

| 项目名称 | 一等品 | 合格品 |
|---|---|---|
| 长度 | ±2 | ±3 |
| 宽度 | ±2 | ±3 |
| 高度 | ±2 | ±3 |

注:① 承重砌块最小外壁厚不应小于 30 mm,肋厚不应小于 25 mm;
②　保温砌块最小外壁厚和肋厚不宜小于 20 mm。

(2)外观质量应符合表 1-45 所列规定。

表 1-45　轻骨料混凝土小型空心砌块外观质量

| 项目名称 | 一等品 | 合格品 |
|---|---|---|
| 缺棱掉角不多于/个 | 0 | 2 |
| 3 个方向投影的最小尺寸不大于/mm | 0 | 30 |
| 裂缝延伸投影的累计尺寸不大于/mm | 0 | 30 |

(3)密度等级符合表 1-46 所列规定。

表 1-46　轻骨料混凝土小型空心砌块密度等级　　　(单位:kg/m³)

| 密度等级 | 砌块干燥表观密度的范围 |
|---|---|
| 500 | ≤500 |
| 600 | 510～600 |
| 700 | 610～700 |
| 800 | 710～800 |
| 900 | 810～900 |

续表

| 密度等级 | 砌块干燥表观密度的范围 |
|---|---|
| 1 000 | 910~1 000 |
| 1 200 | 1 010~1 200 |
| 1 400 | 1 210~1 400 |

（4）强度等级符合表 1-47 要求者为一等品，密度等级范围不满足要求者为合格品。

表 1-47　轻骨料混凝土小型空心砌块强度等级　　　（单位：MPa）

| 强度等级 | 砌块抗压强度 | | 密度等级范围 |
|---|---|---|---|
| | 平均值 | 最小值 | |
| 1.5 | ≥1.5 | 1.2 | ≤600 |
| 2.5 | ≥2.5 | 2.0 | ≤800 |
| 3.5 | ≥3.5 | 2.8 | ≤1 200 |
| 5.0 | ≥5.0 | 4.0 | |
| 7.5 | ≥7.5 | 6.0 | ≤1 400 |
| 10.0 | ≥10.0 | 8.0 | |

（5）吸水率不应大于 20%，干缩率和相对含水率应符合表 1-48 所列规定。

表 1-48　轻骨料混凝土小型空心砌块干缩率和相对含水率

| 干缩率（%） | 相对含水率（%） | | |
|---|---|---|---|
| | 潮湿 | 中等 | 干燥 |
| <0.03 | 45 | 40 | 35 |
| 0.03~0.045 | 40 | 35 | 30 |
| 0.045~0.065 | 35 | 30 | 25 |

注：① 相对含水率即砌块出厂含水率与吸水率之比。

$$W = \frac{w_1}{w_2} \cdot 100\%$$

式中　W——砌块的相对含水率,%;

$w_1$——砌块出厂时的含水率,%;

$w_2$——砌块的吸水率,%。

② 使用地区的湿度条件:

潮湿系指年平均相对湿度大于75%的地区;

中等系指年平均相对湿度50%~75%的地区;

干燥系指年平均相对湿度小于50%的地区。

(6)碳化系数和软化系数:加入粉煤灰等火山灰质掺和料的小砌块,其碳化系数不应小于0.8,软化系数不应小于0.75。

(7)抗冻性应符合表1-49所列规定。

表 1-49　轻骨料混凝土小型空心砌块抗冻性

| 使　用　条　件 | 抗冻等级 | 重量损失(%) | 强度损失(%) |
|---|---|---|---|
| 非采暖地区 | F15 | | |
| 采暖地区: <br> 　相对湿度不大于60% <br> 　相对湿度大于60% | F25 <br> F35 | ≤5 | ≤25 |
| 水位变化、干湿循环或 <br> 粉煤灰掺量不小于取代水泥量50%时 | ≥F50 | | |

注:① 非采暖地区指最冷月份平均气温高于-5℃的地区,采暖地区系指最冷月份平均气温低于或等于-5℃的地区。

② 抗冻性合格的砌块的外观质量也应符合要求。

(8)放射性。

掺工业废渣的砌块其放射性应符合《建筑材料放射性核素限量》(GB 6566—2010)要求。

## 5. 蒸压加气混凝土砌块

1)加气混凝土的特点及用途。

(1)性能特点。

加气混凝土产品性能特点见表1-50。

表 1-50　加气混凝土产品的特点及用途

| 品　　种 | 特　　点 | 用　　途 |
|---|---|---|
| 蒸压粉煤灰加气混凝土砌块 | 以水泥、石灰、石膏和粉煤灰为主要原料,以铝粉为发气剂,经搅拌、注模、静停、切割、蒸压养护而成。具有重量小、强度较高、可加工性好、施工方便、价格较低、保温隔热、节能效果好等优点 | 适用于低层建筑的承重墙、多层建筑的自承重墙、高层框架建筑的填充墙,以及建筑物的内隔墙、屋面和外墙的保温隔热层,特别适用于节能建筑的单一和复合外墙。少量作其他用途(保温方面如滑冰场和供热管道保温等) |
| 加气混凝土砌块 | 由磨细砂、石灰,加水泥、水和发泡剂搅拌,经注模、静停、切割、蒸压养护而成。具有重量小、强度较高、可加工性好、施工方便、价格较低、保温隔热、节能效果好等优点 | 适用于低层建筑承重墙、多层建筑自承重墙、高层框架填充墙,以及建筑物内隔墙、屋面和墙体的保温隔热层等 |
| 蒸压粉煤灰加气混凝土屋面板 | 用经过防锈处理的 U 形钢筋网片、板端预埋件,与粉煤灰加气混凝土共同浇筑而成,具有重量小、强度较高、整体刚度大、保温隔热、承重合一,抗震、节能效果好,施工方便、造价较低等优点 | 适用于建筑物的平屋面和坡屋面 |
| 加气混凝土隔墙板 | 带防锈防腐配筋。具有重量小、强度较高、施工方便、造价较低、隔声效果好等优点 | 适用于建筑物分室和分户隔墙 |
| 加气混凝土外墙板 | 同屋面板 | 适用于建筑物外墙 |
| 加气混凝土骨料空心砌块 | 以加气混凝土碎块作为集料,加水泥、粉煤灰和外加剂,制成空心砌块。具有重量小、施工方便、造价较低、保温隔热性能好等优点 | 适用于框架填充墙和隔墙 |

| 品　种 | 特　点 | 用　途 |
|---|---|---|
| 加气混凝土砌筑砂浆外加剂 | 掺有 AM-1 型外加剂的砌筑砂浆，具有黏着力大、保水性好、施工方便、保证灰缝饱满、砌体牢固等优点 | 适用于加气混凝土砌块的砌筑。按外加剂 20 kg、水泥 50 kg、砂 200～250 kg、水适量充分搅拌备用，砌筑时砌块可不浇水润湿，垂直缝可直接抹碰头灰 |
| 加气混凝土抹灰砂浆外加剂 | 掺有 AM-2 型外加剂的抹灰砂浆，具有良好的施工性能，可以使抹灰层与砌体黏结牢固，防止起鼓和开裂现象 | 适用于加气混凝土内外墙面抹灰。按外加剂 20 kg、水泥 50 kg、砂 200～300 kg、水适量搅拌备用。砂浆强度等级以 M5～M7.5 为宜 |

加气混凝土和普通混凝土、泡沫混凝土相比，在建筑应用中有以下特点。

① 密度小。加气混凝土的孔隙率一般在 70%～80%，其中由铝粉发气形成的气孔占 40%～50%，由水分形成的气孔占 20%～40%。大部分气孔孔径为 0.5～2.0 mm，平均孔径为 1 mm 左右。由于这些气孔的存在，通常密度为 400～700 kg/m³，比普通混凝土轻 3/5～4/5。

② 具有结构材料必要的强度。材料的强度和密度通常是呈正比关系，加气混凝土也有此性质。以体积密度 500～700 kg/m³ 的制品来说，一般强度为 2.5～6.0 MPa，具备作为结构材料必要的强度条件，这是泡沫混凝土所不及的。

③ 弹性模量和徐变较普通混凝土小。加气混凝土的弹性模量($0.147×10^4$～$0.245×10^4$ MPa)只及普通混凝土($1.96×10^4$ MPa)的 1/10，因此在同样荷载下，其变形比普通混凝土大。加气混凝土的徐变系数(0.8～1.2)比普通混凝土的徐变系数(1～4)小，所以在同样受力状态下，其徐变系数比普通混凝土要小。

④ 耐火性好。加气混凝土是不燃材料，在受热至 80～100℃以上时，会出现收缩和裂缝，但在 70℃以前不会损失强度，并且不散发有害气体，耐火性能卓越。

⑤ 隔热保温性能好。和泡沫混凝土一样，加气混凝土具有隔热保温性能好的优点，它的导热系数为(0.116～0.212)W/(m·K)。

⑥ 隔声性能较好。加气混凝土的吸声能力(吸声系数为 0.2～0.3)比普通混凝土要好，但隔声能力因受质量定律支配，和质量成正比，所以加气混凝土要比普通混凝土差，但比泡沫混凝土要好。

⑦ 耐久性好。加气混凝土的长期强度稳定比泡沫混凝土好，但它的抗冻性

和抗风化性比普通混凝土差,所以在使用中要有必要的处理措施。

⑧ 易加工。加气混凝土可锯、可刨、可切、可钉、可钻。

⑨ 干收缩性能满足建筑要求。加气混凝土的干燥收缩标准值为不大于0.5 mm/m[温度 20℃,相对湿度(43%±2%)],如果含水率降低,干燥收缩值也相应减少,所以只要在砌墙时控制含水率在 15% 以下,砌体的收缩值就能满足建筑要求。

⑩ 施工效率高。在同样重量的条件下,加气混凝土的块型大,施工速度就快。在同样块型条件下,加气混凝土比普通混凝土要轻,可以不用大的起重设备,砌筑费用少。

(2)加气混凝土用途。

加气混凝土的用途见表 1-50。加气混凝土制品的上述特点,使之适用于下面一些场合:

① 高层框架混凝土建筑。多年的实践证明,加气混凝土在高层框架混凝土建筑中的应用是经济合理的,特别是用砌块砌筑内外墙已普遍得到社会的认同。

② 抗震地区建筑。由于加气混凝土自重轻,其建筑的地震力就小,对抗震有利。和砖混建筑相比,同样的建筑、同样的地震条件下,震害程度相差一个地震设计设防级别。如砖混建筑要达 7 度设防才不会被破坏,而加气混凝土建筑只达 6 度设防就不会被破坏。

③ 严寒地区建筑。加气混凝土的保温性能好,200 mm 厚墙的保温效果相当于 490 mm 厚砖墙的保温效果,因此它在寒冷地区的建筑经济效果突出,所以具有一定的市场竞争力。

④ 软质地基建筑。在相同地基条件下,加气混凝土建筑的层数可以增多,对经济有利。

加气混凝土主要缺点是收缩大,弹性模量低,怕冻害。因此,加气混凝土不适合下列场合:温度大于 80℃ 的环境;有酸、碱危害的环境;长期潮湿的环境;特别是在寒冷地区尤应注意。

2)蒸压加气混凝土砌块产品等级。

(1)砌块的规格尺寸。

砌块的规格尺寸见表 1-51。

表 1-51　蒸压加气混凝土砌块的规格尺寸　　　　　　　(单位:mm)

| 长度 $L$ | 宽度 $B$ | 高度 $H$ |
|---|---|---|
| 600 | 100、120、125<br>150、180、200<br>240、250、300 | 200、240、250、300 |

注:如需要其他规格,可由供需双方协商解决。

(2)砌块按强度和干密度分级。

强度级别有：A1.0、A2.0、A2.5、A3.5、A5.0、A7.5、A10 七个级别。

干密度级别有：B03、B04、B05、B06、B07、B08 六个级别。

(3)砌块等级。

砌块按尺寸偏差与外观质量、干密度、抗压强度和抗冻性分为优等品（A）、合格品（B）两个等级。

3）蒸压加气混凝土砌块技术要求。

(1)砌块的尺寸允许偏差和外观质量应符合表 1-52 所列规定。

表 1-52　蒸压加气混凝土砌块的尺寸偏差和外观

| 项　　目 | | 指　标 | |
|---|---|---|---|
| | | 优等品（A） | 合格品（B） |
| 尺寸允许偏差 | 长度 L | ±3 | ±4 |
| | 宽度 B | ±1 | ±2 |
| | 高度 H | ±1 | ±2 |
| 缺棱掉角 | 最小尺寸不得大于/mm | 0 | 30 |
| | 最大尺寸不得大于/mm | 0 | 70 |
| | 大于以上尺寸的缺棱掉角个数，不多于/个 | 0 | 2 |
| 裂纹长度 | 贯穿一棱二面的裂纹长度不得大于裂纹所在面的裂纹方向尺寸总和 | 0 | 1/3 |
| | 任一面上的裂纹长度不得大于裂纹方向尺寸 | 0 | 1/2 |
| | 大于以上尺寸的裂纹不多于/条 | 0 | 2 |
| 爆裂、粘模和损坏深度不得大于/mm | | 10 | 30 |
| 平面弯曲 | | 不允许 | |
| 表面疏松、层裂 | | 不允许 | |
| 表面油污 | | 不允许 | |

(2)砌块的抗压强度应符合表 1-53 所列规定。

表 1-53　蒸压加气混凝土砌块的立方体抗压强度　　（单位：MPa）

| 强　度　级　别 | 立方体抗压强度 | |
| --- | --- | --- |
| | 平均值不小于 | 单组最小值不小于 |
| A1.0 | 1.0 | 0.8 |
| A2.0 | 2.0 | 1.6 |
| A2.5 | 2.5 | 2.0 |
| A3.5 | 3.5 | 2.8 |
| A5.0 | 5.0 | 4.0 |
| A7.5 | 7.5 | 6.0 |
| A10.0 | 10.0 | 8.0 |

（3）砌块的干密度应符合表 1-54 所列规定。

表 1-54　蒸压加气混凝土砌块的干密度　　（单位：kg/m³）

| | 干密度级别 | B03 | B04 | B05 | B06 | B07 | B08 |
| --- | --- | --- | --- | --- | --- | --- | --- |
| 干密度 | 优等品（A）不大于 | 300 | 400 | 500 | 600 | 700 | 800 |
| | 合格品（B）不大于 | 325 | 425 | 525 | 625 | 725 | 825 |

（4）砌块的强度级别应符合表 1-55 所列规定。

表 1-55　蒸压加气混凝土砌块的强度级别

| | 干密度级别 | B03 | B04 | B05 | B06 | B07 | B08 |
| --- | --- | --- | --- | --- | --- | --- | --- |
| 强度级别 | 优等品（A） | A1.0 | A2.0 | A3.5 | A5.0 | A7.5 | A10.0 |
| | 合格品（B） | | | A2.5 | A3.5 | A5.0 | A7.5 |

（5）砌块的干燥收缩、抗冻性和导热系数（干态）应符合表 1-56 所列规定。

表 1-56　蒸压加气混凝土砌块的干燥收缩、抗冻性和导热系数

| | 干密度级别 | | B03 | B04 | B05 | B06 | B07 | B08 |
| --- | --- | --- | --- | --- | --- | --- | --- | --- |
| 干燥收缩值① | 标准法不大于/(mm/m) | | 0.50 | | | | | |
| | 快速法不大于/(mm/m) | | 0.80 | | | | | |
| 抗冻性 | 重量损失不大于(%) | | 5.0 | | | | | |
| | 冻后强度 不小于/MPa | 优等品（A） | 0.8 | 1.6 | 2.8 | 4.0 | 6.0 | 8.0 |
| | | 合格品（B） | | | 2.0 | 2.8 | 4.0 | 6.0 |
| 导热系数（干态）不大于/[W/(m·K)] | | | 0.10 | 0.12 | 0.14 | 0.16 | 0.18 | 0.20 |

注：规定采用标准法、快速法测定砌块干燥收缩值，若测定结果发生矛盾不能判定时，则以标准法测定的结果为准。

## 6. 粉煤灰混凝土小型空心砌块

粉煤灰小型空心砌块是指以粉煤灰、水泥、各种轻重骨料、水为主要组分(也可加入外加剂等)拌和制成的小型空心砌块,其中粉煤灰用量不应低于原材料质量的 20%,水泥用量不应低于原材料质量 10%。

1) 分类、等级。

(1) 分类。

按孔的排数分为单排孔(1)、双排孔(2)和多排孔三类。

(2) 等级。

① 按砌块密度等级分为 600 级、700 级、800 级、900 级、1 000 级、1 200 级和 1 400 级七个等级。

② 按砌块抗压强度分为 MU3.5、MU5、MU7.5、MU10、MU15、MU20 六个等级。

2) 技术要求。

(1) 主规格尺寸为 390 mm×190 mm×190 mm,其他规格尺寸可由供需双方商定。尺寸允许偏差和外观质量应符合表 1-57 所列规定。

表 1-57　粉煤灰混凝土小型空心砌块的尺寸允许偏差和外观质量

| 项　目 | | 指　标 |
|---|---|---|
| 尺寸允许偏差/mm | 长度 | ±2 |
| | 宽度 | ±2 |
| | 高度 | ±2 |
| 最小外壁厚不小于/mm | 用于承重墙体 | 30 |
| | 用于非承重墙体 | 20 |
| 肋厚不小于/mm | 用于承重墙体 | 25 |
| | 用于非承重墙体 | 15 |
| 缺棱掉角 | 个数不多于/个 | 2 |
| | 3 个方向投影的最小值不大于/mm | 20 |
| 裂缝延伸投影的累计尺寸不大于/mm | | 20 |
| 弯曲不大于/mm | | 2 |

（2）密度等级应符合表 1-58 所列规定。

表 1-58　粉煤灰混凝土小型空心砌块密度等级　（单位：kg/m³）

| 密度等级 | 砌块块体密度的范围 |
|---|---|
| 600 | ≤600 |
| 700 | 610～700 |
| 800 | 710～800 |
| 900 | 810～900 |
| 1 000 | 910～1 000 |
| 1 200 | 1 010～1 200 |
| 1 400 | 1 210～1 400 |

（3）强度等级应符合表 1-59 所列规定。

表 1-59　粉煤灰混凝土小型空心砌块强度等级　（单位：MPa）

| 强度等级 | 抗 压 强 度 | |
|---|---|---|
| | 平均值不小于 | 单块最小值不小于 |
| MU3.5 | 3.5 | 2.8 |
| MU5.0 | 5.0 | 4.0 |
| MU7.5 | 7.5 | 6.0 |
| MU10.0 | 10.0 | 8.0 |
| MU15.0 | 15.0 | 12.0 |
| MU20.0 | 20.0 | 16.0 |

（4）干燥收缩率不应大于 0.060%。

（5）相对含水率应符合表 1-60 所列规定。

表 1-60　粉煤灰混凝土小型空心砌块相对含水率

| 使用地区 | 潮湿 | 中等 | 干燥 |
|---|---|---|---|
| 相对含水率不大于(%) | 40 | 35 | 30 |

注:① 相对含水率即砌块含水率与吸水率之比:

$$W = 100 \cdot \omega_1 / \omega_2$$

式中　$W$——砌块的相对含水率,%;

　　　$\omega_1$——砌块的含水率,%;

　　　$\omega_2$——砌块的吸水率,%。

② 使用地区的湿度条件:

潮湿系指年平均相对湿度大于 75% 的地区;

中等系指年平均相对湿度 50%～75% 的地区;

干燥系指年平均相对湿度小于 50% 的地区。

（6）抗冻性应符合表 1-61 所列规定。

表 1-61　粉煤灰混凝土小型空心砌块抗冻性

| 使用条件 | 抗冻指标 | 质量损失率 | 强度损失率 |
|---|---|---|---|
| 夏热冬暖地区 | F15 | | |
| 夏热冬冷地区 | F15 | ≤5% | ≤25% |
| 寒冷地区 | F15 | | |
| 严寒地区 | F15 | | |

（7）碳化系数和软化系数:碳化系数应不小于 0.80,软化系数应不小于 0.80。

（8）放射性应符合《建筑材料放射性核素限量》(GB 6566—2010)要求。

## 7. 粉煤灰砌块

1）分类。

（1）规格。

砌块的主规格外形尺寸为 880 mm × 380 mm × 240 mm,880 mm × 430 mm × 240 mm。

砌块端面应加灌浆槽,坐浆面宜设抗剪槽。

注:生产其他规格砌块可由供需双方协商确定。

（2）等级。

① 砌块的强度等级按其立方体试件的抗压强度分为 10 级和 13 级。

② 砌块按其外观质量、尺寸偏差和干缩性能分为一等品(B)和合格品(C)。

2) 技术要求。

(1) 砌块的外观质量和尺寸偏差应符合表 1-62 所列规定。

表 1-62　粉煤灰砌块的外观质量和尺寸允许偏差

| 项　　目 | | 指　　标 | |
|---|---|---|---|
| | | 一等品<br>(B) | 合格品<br>(C) |
| 外观质量 | 表面疏松 | 不允许 | |
| | 贯穿面棱的裂缝 | 不允许 | |
| | 任一面上的裂缝长度不得大于裂缝方向砌块尺寸 | 1/3 | |
| | 石灰团、石膏团 | 直径大于 5 mm 的不允许 | |
| | 粉煤灰团、空洞和爆裂 | 直径大于 30 mm 的不允许 | 直径大于 50 mm 的不允许 |
| | 局部空起高度不大于/mm | 10 | 15 |
| | 翘曲不大于/mm | 6 | 8 |
| | 缺棱掉角在长、宽、高三个方向上投影的最大值不大于/mm | 30 | 50 |
| | 高低差/mm　长度方向 | 6 | 8 |
| | 　　　　　宽度方向 | 4 | 6 |
| 尺寸允许偏差/mm | 长度 | +4,−6 | +5,−10 |
| | 高度 | +4,−6 | +,−10 |
| | 宽度 | ±3 | ±5 |

（2）砌块的立方体抗压强度、碳化后强度、抗冻性能和密度应符合表 1-63 所列规定。

表 1-63　粉煤灰砌块的立方体抗压强度、碳化后强度、抗冻性能和密度

| 项　　目 | 指　　标 | |
|---|---|---|
| | 10 级 | 13 级 |
| 抗压强度/MPa | 3 块试件平均值不小于 10.0 单块最小值 8.0 | 3 块试件平均值不小于 13.0,单块最小值 10.5 |
| 人工碳化后强度/MPa | 不小于 5.0 | 不小于 7.5 |

续表

| 项 目 | 指 标 | |
|---|---|---|
| | 10 级 | 13 级 |
| 抗冻性 | 冻融循环结束后,外观无明显疏松、剥落或裂缝,强度损失不大于 20% | |
| 密度/(kg/m³) | 不超过设计密度 10% | |

（3）砌块的干缩值应符合表 1-64 所列规定。

表 1-64　粉煤灰砌块的干缩值　　　　（单位:mm/m）

| 一等品(B) | 合格品(C) |
|---|---|
| ≤0.75 | ≤0.90 |

## 8. 石膏砌块

1）产品分类。

（1）分类。

① 按石膏砌块的结构分为两类。

a. 石膏空心砌块:带有水平或垂直方向的预制孔洞的砌块,代号 K。

b. 石膏实心砌块:无预制孔洞的砌块,代号 S。

② 按所用石膏来源分为两类。

a. 天然石膏砌块:用天然石膏做原料制成的砌块,代号 T。

b. 化学石膏砌块:用化学石膏做原料制成的砌块,代号 H。

③ 按砌块的防潮性能分为两类。

a. 普通石膏砌块:在成型过程中未作防潮处理的砌块,代号 P。

b. 防潮石膏砌块:在成型过程中经防潮处理,具有防潮性能的砌块,代号 F。

（2）规格。

石膏砌块外形为长方体,纵横边缘分别设有榫头和榫槽,其规格如下。

① 长度为 666 mm;

② 高度为 500 mm;

③ 厚度为 60 mm、80 mm、90 mm、100 mm、110 mm、120 mm。

可根据用户要求生产其他规格的产品,其质量应符合本标准要求。

2）技术要求。

（1）外观质量。

砌块表面应平整,棱边平直,外观质量应符合表 1-65 所列规定。

表 1-65　石膏砌块外观质量

| 项　目 | 指　标 |
|---|---|
| 缺角 | 同一砌块不得多于 1 处,缺角尺寸应小于 30 mm×30 mm |
| 板面裂纹 | 非贯穿裂纹不得多于 1 条,裂纹长度小于 30 mm,宽度小于 1 mm |
| 油污 | 不允许 |
| 气孔 | 直径 5～10 mm 不多于 2 处;直径大于 10 mm,不允许 |

（2）尺寸偏差。

石膏砌块的尺寸偏差应不大于表 1-66 所列规定。

表 1-66　石膏砌块尺寸偏差　（单位:mm）

| 项目 | 规格 | 尺寸偏差 |
|---|---|---|
| 长度 | 666 | ±3 |
| 高度 | 500 | ±2 |
| 厚度 | 60、80、90、100、110、120 | ±1.5 |

（3）表观密度。

实心砌块的表观密度应不大于 1 000 kg/m³,空心砌块的表观密度应不大于 700 k/m³。

单块砌块质量应不大于 30 kg。

（4）平整度。

石膏砌块表面应平整,平整度应不大于 1.0 mm。

（5）断裂荷载。

石膏砌块应有足够的机械强度,断裂荷载值应不小于 1.5 kN。

（6）软化系数。

石膏砌块的软化系数应不低于 0.6。该指标仅适用于防潮石膏砌块。

## 9. 空心玻璃砖

1）分类。

（1）外形。

空心玻璃砖的外形可分为正方形、长方形、异形。

（2）颜色。

空心玻璃砖分为无色和本体着色两类。

（3）空心玻璃砖外形及结构。

空心玻璃砖外形及结构见图 1-3。

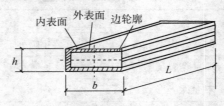

内表面　外表面　边轮廓

图 1-3　矩形空心玻璃外形及结构

2）技术要求。

（1）总则。

本标准的技术要求及试验方法对应条款见表 1-67。

表 1-67　空心玻璃砖技术要求及试验方法

| 外形尺寸 | 5.2 | 6.1 |
|---|---|---|
| 外观质量 | 5.3 | 6.2 |
| 颜色均匀性 | 5.4 | 6.3 |
| 单块重量 | 5.5 | 6.4 |
| 抗压强度 | 5.6 | 6.5 |
| 抗冲击性 | 5.7 | 6.6 |
| 抗热震性 | 5.8 | 6.7 |

（2）外形尺寸。

① 外形尺寸长 $L$、宽 $b$、厚 $h$ 的允许偏差值不大于 1.5 mm。

② 正外表面最大上凸不大于 2.0 mm，最大凹进不大于 1.0 mm。

③ 两个半坯允许有相对移动或转动，其间隙不大于 1.5 mm。

（3）外观质量。

空心玻璃砖的外观质量应符合表 1-68 所列规定。

表 1-68　空心玻璃砖的外观质量

| 项目名称 | 要　　求 |
|---|---|
| 裂纹 | 不允许有贯穿裂纹 |
| 熔接缝 | 不允许高出砖外边缘 |
| 缺口 | 不允许有 |
| 气泡 | 直径不大于 1 mm 的气泡忽略不计,但不允许密集存在;直径 1~2 mm 的气泡允许有 2 个;直径 2~3 mm 的气泡允许有 1 个;直径大于 3 mm 的气泡不允许有:宽度小于 0.8 mm、长度小于 10 mm 的拉长气泡允许有 2 个,宽度小于 0.8 mm、长度小于 15 mm 的拉长气泡允许有 1 个,超过该范围的不允许有 |
| 结石或异物 | 直径小于 1 mm 的允许有 2 个 |
| 玻璃屑 | 直径小于 1 mm 的忽略不计,直径 1~3 mm 的允许有 2 个,大于 3 mm 的不允许 |
| 线道 | 距 1 m 观察不可见 |
| 划伤 | 不允许有长度大于 30 mm 的划伤 |
| 麻点 | 连续的麻点痕长度不超过 20 mm |
| 剪刀痕 | 正表面边部 10 mm 范围内每面允许有 1 条,其他部位不允许有 |
| 料滴印 | 距 1 m 观察不可见 |
| 模底印 | 距 1 m 观察不可见 |
| 冲头印 | 距 1 m 观察不可见 |
| 油污 | 距 1 m 观察不可见 |

注:密集指 100 m 直径的圆面积内多于 10 个。

（4）颜色均匀性。

正面应无明显偏离主色调的色带或色道,同一批次的产品之间,其正面颜色应无明显色色差。

（5）单块重量。

单块重量的允许偏差小于或等于其公称重量的 10%,其公称重量见表 1-69。

表 1-69　空心玻璃砖的形状、规格尺寸、公称重量

| 规格/mm | 长度 L/mm | 宽度 b/mm | 厚度 h/mm | 公称重量/kg |
|---|---|---|---|---|
| 190×190×80 | 190 | 190 | 80 | 2.5 |
| 145×145×80 | 145 | 145 | 80 | 1.4 |
| 145×145×95 | 145 | 145 | 95 | 1.6 |
| 190×190×50 | 190 | 190 | 50 | 2.1 |
| 190×190×95 | 190 | 190 | 95 | 2.6 |
| 240×240×80 | 240 | 240 | 80 | 3.9 |
| 240×115×80 | 240 | 115 | 80 | 2.1 |
| 115×115×80 | 115 | 115 | 80 | 1.2 |
| 190×90×80 | 190 | 90 | 80 | 1.4 |
| 300×300×80 | 300 | 300 | 80 | 6.8 |
| 300×300×100 | 300 | 300 | 100 | 7.0 |
| 190×90×90 | 190 | 90 | 90 | 6.6 |
| 190×95×80 | 190 | 95 | 80 | 1.3 |
| 190×95×100 | 190 | 95 | 100 | 1.3 |
| 197×197×79 | 197 | 197 | 79 | 2.2 |
| 197×197×98 | 197 | 197 | 98 | 2.7 |
| 197×95×79 | 197 | 95 | 79 | 1.4 |
| 197×95×98 | 197 | 95 | 98 | 1.6 |
| 197×146×79 | 197 | 146 | 79 | 1.9 |
| 197×146×98 | 197 | 146 | 98 | 2.0 |
| 298×298×98 | 298 | 298 | 98 | 7.0 |
| 197×197×51 | 197 | 197 | 51 | 2.0 |

（6）抗压强度。

平均抗压强度不小于 7.0 N/mm²，单块最小值不小于 6.0 N/mm²。

（7）抗冲击性。

以锅环自由落体方式做抗冲击试验，试样不允许破裂。

（8）抗热震性。

冷热水温差应保持 30℃，试验后试样不允许出现裂纹或其他破损现象。

# 三、砌筑用石材

石材按其加工后的外形规则程度可分为料石和毛石。

## 1. 毛石

毛石是由爆破直接获得的石块。毛石是不成形的石料，处于开采以后的自然状态。它是岩石经爆破后所得形状不规则的石块，形状不规则的称为乱毛石，有两个大致平行面的称为平毛石。乱毛石性形状不规则，一般要求石块中部厚度不小于 150 mm，长度为 300～400 mm，重量为 20～30 kg，其强度不宜小于 10 MPa，软化系数不应小于 0.75。平毛石由乱毛石略经加工而成，形状较乱毛石整齐，其形状基本上有六个面，但表面粗糙，中部厚度不小于 200 mm。毛石常用于砌筑基础、勒脚、墙身、堤坝、挡土墙等。

## 2. 料石

料石（也称条石）是由人工或机械开采出的较规则的六面体石块，略经加工凿琢而成。按其加工后的外形规则程度可分为毛料石，粗料石，半细料石和稀料石四种。按形状可分为条石、方石及拱石。

（1）细料石：通过细加工，外表规则，叠砌面凹入深度不应大于 10 mm 截面的宽度、高度不宜小于 200 mm，且不宜小于长度的 1/4 。

（2）半细料石：规格尺寸同上，但叠砌面凹入深度不应大于 15 mm。

（3）粗料石：规格尺寸同上，但叠砌面凹入深度不应大于 20 mm。

（4）毛料石：外形大致方正，一般不加工或仅稍加修整，高度不应小于 200 mm，叠砌面凹入深度不应大于 25 mm。

粗料石主要应用于建筑物的基础、勒脚、墙体部位，半细料石和细料石主要用作镶面的材料。

料石各面的加工要求应符合表 1-70 所列规定。料石加工的允许偏差应符合表 1-71 所列规定。料石的宽度、厚度均不宜小于 200 mm，长度不宜大于厚度的 4 倍。

石材的强度等级：MU100、MU80、MU60、MU50、MU40、MU30 和 MU20。

表 1-70  料石各面的加工要求

| 料石种类 | 外露面及相接周边的表面凹入深度 | 叠砌面和接砌面的表面凹入深度 |
|---|---|---|
| 细料石 | 不大于 2 mm | 不大于 10 mm |
| 粗料石 | 不大于 20 mm | 不大于 20 mm |
| 毛料石 | 稍加修整 | 不大于 25 mm |

注:相接周边的表面是指叠砌面、接砌面与外露面相接处 20~30 mm 范围内的部分。

表 1-71  料石加工允许偏差　　　　　　　　　　　　（单位:mm）

| 料石种类 | 加工允许偏差 | |
|---|---|---|
| | 宽度、厚度 | 长度 |
| 细料石 | ±3 | ±5 |
| 粗料石 | ±5 | ±7 |
| 毛料石 | ±10 | ±15 |

注:如设计有特殊要求,应按设计要求加工。

## 3. 石材的技术性能

石材的强度等级分为 MU100、MU80、MU60、MU50、MU40、MU30 和 MU20。

石材的抗冻性,要求经受 15 次、25 次或 50 次冻融循环,试件无贯穿裂缝,重量损失不超过 5%,强度降低不大于 25%。石材的特性见表 1-72。

表 1-72  石材的特性

| 石材名称 | 密度/(kg/m³) | 抗压强度/MPa |
|---|---|---|
| 花岗岩 | 2 500~2 700 | 120~250 |
| 石灰岩 | 1 800~2 600 | 22~140 |
| 砂岩 | 2 400~2 600 | 47~140 |

砌体中的石材应选用质地坚硬无明显风化和裂纹的天然石材,用于清水墙、柱表面的石材尚应色泽均匀。

# 四、砖砌体用料的计算

## 1. 砌体材料用量简易计算

由于烧结普通砖的标准尺寸均为 240 mm×115 mm×53 mm（长×宽×

厚),因此,砖砌体材料用量可进一步简化按以下方法简易计算。

设 $b$ 为砖宽,$c$ 为砖厚,$d$ 为灰缝厚度,则砖墙每平方料砌体材料用量可按下式计算:

$$A=\frac{K}{(b+d)(c+d)}=\frac{K}{(0.115+0.01)(0.053+0.01)}\approx127K \qquad (1\text{-}1)$$

$$B=D-AV=D-0.001463A=D-0.1858K \qquad (1\text{-}2)$$

式中　$A$——1 m² 砖砌体净用砖量,块;

$B$——1 m² 砖砌体净用砂浆量,m³;

$K$——墙厚砖数;

$D$——墙厚,m³;

$V$——每块砖体积,即 $0.24\times0.115\times0.053\approx0.001463$,m³。

墙厚(m)乘以 1 m² 即 1 m² 的墙体体积,故墙厚的数值以体积表示。

1 m² 标准墙的砖数和砂浆用量按式(1-1)和式(1-2)计算结果如表 1-73 所示。

表 1-73　砖砌体墙厚砖数及 1 m² 标准墙砖和砂浆净用量

| 墙厚砖数 | 半砖 | 一砖 | 一砖半 | 二砖 |
|---|---|---|---|---|
| $K$ 值 | 0.5 | 1.0 | 1.5 | 2.0 |
| 墙厚 $D$/m | 0.115 | 0.240 | 0.365 | 0.490 |
| $A$/块 | 64 | 127 | 191 | 254 |
| $B$/m³ | 0.022 | 0.054 | 0.086 | 0.118 |

在实际应用时,还应考虑一定的材料损耗率,砖和砂浆的损耗率一般均按 1%计。在算出单位工程墙体的面积(m²)后,即可以算出砖和砂浆的实际需用量。即:

砖用量为 1.01A 乘以墙体面积(块);

砂浆用量为 1.01B 乘以墙体面积(m³)。

[例1]　已知住宅楼一砖墙面积为 650 m²,试求砖和砂浆需用量,并考虑材料损耗率。

由式(1-1)和式(1-2)得:

砖需用量:$A=650\times127K\times1.01=650\times127\times1\times1.01=83376$(块)

砂浆需用量:$B=650\times(D-0.1858K)\times1.01$

$=650\times(0.24-0.1858\times1)\times1.01=35.6$(m³)

查表 1-73 得:

砖需用量:$A=650\times127\times1.01=83376$(块)

砂浆需用量：$B=650\times0.054\times1.01=35.5(\mathrm{m^3})$

## 2. 砖墙排砖计算

烧结普通砖墙的铺砌方法有满丁满条、五层重排法；老的砌法有三顺一丁、一顺一丁等。在砌筑前，要根据设计的门窗口、砖墙、门窗垛等尺寸和排砖方法，进行排砖计算或校核，以使砖墙尺寸准确。以下简介砖墙尺寸排砖计算及校核公式。

1）砖墙长度计算。

（1）满丁满条砌法。

砖墙长度按下式计算：

满条长度 $\qquad L=2e+N_1a+(N_1+1)d_1$ (1-3)

或 $\qquad L=25N_1+38$ (1-4)

满丁长度 $\qquad L=N_2b+(N_2-1)d_1$ (1-5)

或 $\qquad L=12.5N_2-10$ (1-6)

式中　$L$——砖墙长度，cm；

　　　$a$——砖墙长度，一般为 24 cm；

　　　$b$——砖墙宽度，一般为 11.5 cm；

　　　$e$——七分头砖长度，一般为 18.5 cm；

　　　$N_1$——条砖的数量，其数值取整数；

　　　$N_2$——丁砖的数量，其数值取整数；

　　　$d_1$——竖缝宽度，一般为 1.0 cm。

（2）五层重排砌法。

砖墙长度按下式计算：

$$L=2e+2b+N_1a+(N_1+3)d_1$$ (1-7)

或 $\qquad L=25N_1a+63$ (1-8)

$$L=N_2b+(N_1-1)d_1$$ (1-9)

或 $\qquad L=12.5N_2-10$ (1-10)

式中　符号意义同前。

2）门窗口宽度计算。

门窗口宽度按下式计算：

$$B=b+N_1a+(N_1+1)d_1$$ (1-11)

或 $\qquad B=25N_1a+12.5\approx25N_1+13$ (1-12)

式中　$B$——门窗口宽度；

　　　其他符号意义同前。

3）门窗口高度按下式计算。

$$H = (c + d_2)K \tag{1-13}$$

式中　$H$——门窗口高度，cm；

　　　$c$——砖厚度，一般为 5.3 cm；

　　　$d_2$——横缝厚度，一般取 1.0 cm；

　　　$K$——砖厚加灰缝（=6.3 cm）的倍数。

如门窗口上面砌砖法碰，$H$ 应再加 1 cm。

按以上公式计算的排砖设计参考数据见表 1-74。

表 1-74　黏土砖清水墙排砖设计参考数据

| $N$ | 砖墙长度（满丁满条）/cm | 砖墙长度（五层重排）/cm | 门窗口宽度/cm | $N$ | 砖墙长度（满丁满条）/cm | 砖墙长度（五层重排）/cm | 门窗口宽度/cm |
|---|---|---|---|---|---|---|---|
| 1 | 63 | 88 | 38 | 16 | 438 | 463 | 413 |
| 2 | 88 | 113 | 63 | 17 | 463 | 488 | 438 |
| 3 | 113 | 138 | 88 | 18 | 488 | 513 | 463 |
| 4 | 138 | 163 | 113 | 19 | 513 | 538 | 488 |
| 5 | 163 | 188 | 138 | 20 | 538 | 563 | 513 |
| 6 | 188 | 213 | 163 | 21 | 563 | 588 | 538 |
| 7 | 213 | 238 | 188 | 22 | 588 | 613 | 563 |
| 8 | 238 | 263 | 213 | 23 | 613 | 538 | 588 |
| 9 | 263 | 288 | 238 | 24 | 638 | 663 | 613 |
| 10 | 288 | 313 | 263 | 25 | 663 | 688 | 638 |
| 11 | 313 | 338 | 288 | 26 | 688 | 713 | 663 |
| 12 | 338 | 363 | 313 | 27 | 713 | 738 | 688 |
| 13 | 363 | 388 | 338 | 28 | 738 | 763 | 713 |
| 14 | 388 | 413 | 363 | 29 | 763 | 788 | 738 |
| 15 | 413 | 438 | 388 | 30 | 788 | 813 | 763 |

注：砖的标准尺寸为 24 cm×11.5 cm×5.3 cm（长×宽×厚）。7 分头砖长为 18.5 cm，灰缝宽为 10 mm。

（1）砖墙采用满丁满条砌法，顺铺条砖数量 $N_1 = 4$，试计算砖墙长度和进行排砖设计。

砖墙长度：　　　$L = 25N_1 + 38 = 25 \times 4 + 38 = 138 (\text{cm})$ $\tag{1-14}$

排砖方法如图 1-4a 所示。

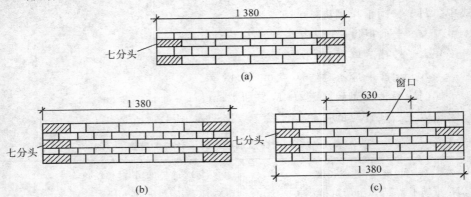

**图 1-4　砖墙排砖方式**

(a)砖墙满丁满条;(b)砖墙五层重排砌法;(c)满丁满条砌门窗口

　　(2) 砖墙采用五层重排砌法,顺铺条砖的数量 $N_1 = 3$,试计算砖墙长度和进行排砖设计。

砖墙长度:　　　$L = 25N_1 + 63 = 25 \times 3 + 63 = 138 \text{(cm)}$　　　　　(1-15)

排砖方法如图 1-4b 所示。

门窗口宽度:　　　$B = 25N_1 + 13 = 25 \times 2 + 13 = 63 \text{(cm)}$　　　　(1-16)

排砖方法如图 1-4c 所示。

## 3. 砖柱、石柱用料计算

　　计算砖、石柱需用材料数量,先要计算出柱的体积($\text{m}^3$),再计算每 1 $\text{m}^3$ 用多少材料,最后累计。

　　1) 砖柱的砖及砂浆用量计算。

　　设砖长为 $a$、砖宽为 $b$,砖厚为 $c$(一般标准砖长为 0.24 m,砖宽为 0.115 m,砖厚为 0.053 m),灰缝厚度为 $d$(规范规定为 0.01m),则砖柱每 1 $\text{m}^3$ 需砖块数 $A$ 按下式计算(再加 5% 损耗数):

$$A = \frac{1}{(a+d)(b+d)(c+d)} \text{(块/m}^3)$$　　　　(1-17)

砖柱每 1 $\text{m}^3$ 需砂浆用量 $B$ 按下式计算:

$$B = 1 - (a+d)(b+d)(c+d) \text{(块/m}^3)$$　　　　(1-18)

　　2) 石柱的石材及砂浆用量计算。

　　石砌柱如为一定规格的平整石砌体,亦可按以上公式计算;如为毛石砌体,则无法计算出准确数,一般按经验估计,每 1 $\text{m}^3$ 毛石砌体用毛石 1.1 $\text{m}^3$(现场松方),用砂浆 0.36 $\text{m}^3$。

[**例 2**]  某公共建筑有 490 mm×490 mm 砖柱 24 根,高 4.5m,用标准砖和 M5 水泥混合砂浆砌筑,试计算砖和砂浆需用量。

砖柱砌体体积＝0.49×0.49×4.5×24＝13831(根)

每 1 m³ 砖柱需用砂浆由下式得:

$$B＝1-(0.24×0.115×0.053×508)＝0.257(m³)  \tag{1-19}$$

总计需用 M5 水泥混合砂浆＝0.257×25.93＝6.66(m³)

## 4. 砖拱圈楔形砖加工规格及数量计算

砌筑砖拱圈时,常需计算确定各类拱的用砖加工尺寸和数量,以下简介计算方法。

1) 当砖拱圈仅由一种楔形砖组砌时,楔形砖小头的厚度和每环拱顶所需楔形砖的数量可由下式计算(图 1-5)。

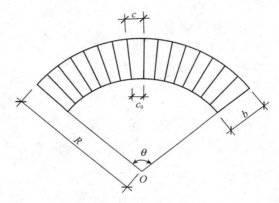

图 1-5  砖拱楔形加工计算简图

$$c_0＝\frac{c(R-b)}{R}  \tag{1-20}$$

$$N＝\frac{\pi R\theta}{180(c+d)}  \tag{1-21}$$

式中  $c_0$——楔形砖小头厚度,mm;

$c$——楔形砖或直形砖大头的厚度,mm;

$R$——砖拱的外半径,mm;

$b$——砖拱的砌砖厚度,mm;

$d$——砖缝厚度,mm;

$\theta$——拱的中心角,°;

$N$——楔形砖数量。

2) 当砖拱圈用楔形砖与直形砖搭配组砌时,每环拱所需楔形砖与直形砖的数量可由下式计算：

楔形砖块数
$$N=\frac{\pi R\theta}{180(c-c_0)} \qquad (1-22)$$

直形砖块数
$$n=\frac{\pi R\theta}{180(c+d)}-N \qquad (1-23)$$

式中　$N$——楔形砖的数量,块;

　　　$n$——直形砖的数量,块;

　　　其他符号意义同前。

3) 当砖拱圈用两种不同楔形砖搭配组砌时,每环拱所需不同楔形砖的数量可由下式计算：

$$(N_1+N_2)(c+d)=l \qquad (1-24)$$

$$N_1(c_1+d)+N_2(c_2+d)=l_0 \qquad (1-25)$$

式中　$N_1$——一种楔形砖数量,块;

　　　$N_2$——另一种楔形砖数量,块;

　　　$c_1$——一种楔形砖(数量为 $N_1$)的小头厚度,mm;

　　　$c_2$——另一种楔形砖(数量为 $N_2$)的小头厚度,mm;

　　　$l$——拱外弧长度,mm;

　　　$l_0$——拱内弧长度,mm。

[例 3]　砖拱外半径 $R=1230$ mm,拱的厚度 $b=230$ mm,拱中心角 $\theta=60°$,楔形砖的大头厚度 $c=65$ mm,砖缝厚度 $d=2$ mm,试求楔形砖小头的厚度和每环拱顶所需楔形砖的块数。

楔形砖小头厚度：
$$c_0=\frac{c(R-b)}{R}=\frac{65\times(1\,230-230)}{1230}\approx52(\text{mm}) \qquad (1-26)$$

每环拱楔形砖数：
$$N=\frac{\pi R\theta}{180\times(c+d)}=\frac{3.14\times1\,230\times60}{180\times(65+2)}$$
$$=19.2(\text{块}) \qquad (1-27)$$

共用 20 块。

[例 4]　砖烟囱某段平均半径 $R=3.0$ m,砖规格为 240 mm×115 mm×53 mm,砖垂直缝 $d=10$ mm,试求加工砖小头的宽度及数量。

砖的小头加工宽度：
$$b_0=\frac{b(R-a)}{R}=\frac{115\times(3\,000-240)}{3\,000}=106(\text{mm}) \qquad (1-28)$$

故知,加工砖的规格为 240 mm×115/106 mm×53 mm,实际不需每块砖都加工,可将几块砖加工的数量集中到 1 块砖上,如每 3 块砖加工 1 块,则加工砖尺寸为 240 mm×115/88 mm×53 mm。

砖加工数量：
$$N=\frac{\pi R\theta}{180(c+d)}=\frac{3.14\times3\,000\times360}{180\times(115+10)}=150(\text{块}) \qquad (1-29)$$

故知,每圈加工数量为 150 块。

[例 5]　砖拱半径 $R = 3\,040$ mm,拱的厚度 $b = 230$ mm,拱中心角 $\theta = 45°$,用 230 mm×113 mm×65 mm 和 230 mm×113 mm×65/55 mm 两种砖组砌,试求每环拱顶所需楔形砖和直形砖的数量。

每环拱顶楔形砖数量　$\dfrac{\pi R\theta}{180(c-c_0)} = \dfrac{3.14\times45\times230}{180(65-55)} \approx 18$(块)　　　(1-30)

每环拱顶直形砖数量　$N = \dfrac{\pi R\theta}{180(c+d)} - N = \dfrac{3.14\times3\,040\times45}{180(65+2)} - 18$

$\qquad\qquad\qquad\qquad = 18$(块)　　　(1-31)

[例 6]　砖拱外半径 $R = 1\,200$ mm,采用 230 mm×113 mm×65/55 mm 和 230 mm×113 mm×65/45 mm 两种不同楔形砖组砌,砖缝厚度 $d = 2$ mm,试求两种楔形砖需用的数量。

$$(N_1 + N_2)(65+2) = 1\,200\pi \qquad\qquad (1-32)$$

$$N_1(55+2)N_2(45+2) = 970\pi \qquad\qquad (1-33)$$

由(1-28)式　　　　　　　　$N_1 + N_2 = \dfrac{120\pi}{67}$

$$N_1 + N_2 = 56\text{(块)}$$

$$N_1 = 56 - N_2 \qquad\qquad (1-34)$$

将式(1-30)代入式(1-29)得:

$$(56 - N_2)\times57 + 47N_2 = 970\pi$$

解之得　　　　　　　　　　$N_2 \approx 15$(块)

则　　　　　　　　$N_1 + 56 - N_2 = 56 - 15 = 41$(块)

故知,两种不同楔形砖需用数量分别为 41 块和 15 块。

# 第二部分 砌筑砂浆

## 一、砌筑砂浆材料

### 1. 通用硅酸盐水泥

1）分类。

通用硅酸盐水泥按混合材料的品种和掺量分为硅酸盐水泥、普通硅酸盐水泥、矿渣酸盐水泥、火山灰质硅酸盐水泥、粉煤灰硅酸盐水泥和复合硅酸盐水泥。各品种的组分和代号应符合表 2-1 所列规定。

2）组分与材料。

（1）组分。

通用硅酸盐水泥的组分应符合表 2-1 所列规定。

表 2-1 通用硅酸盐水泥的组分（%）

| 品种 | 代号 | 组分（质量分数） | | | | |
|---|---|---|---|---|---|---|
| | | 熟料＋石膏 | 粒化高炉矿渣 | 火山灰质混合材料 | 粉煤灰 | 石灰石 |
| 硅酸盐水泥 | P·Ⅰ | 100 | — | | | |
| | P·Ⅱ | ≥95 | ≤5 | | | |
| | | | — | >5 且≤20① | | |
| 普通硅酸盐水泥 | P·O | ≥80 且＜95 | | | | |
| 矿渣硅酸盐水泥 | P·S·A | ≥50 且＜80 | >20 且≤50② | — | | |
| | P·S·B | ≥3 且＜50 | >50 且≤70② | — | | |
| 火山灰质硅酸盐水泥 | P·P | ≥60 且＜80 | — | >20 且≤40③ | | |
| 粉煤灰硅酸盐泥 | P·F | ≥60 且＜80 | | | >20 且≤40④ | |
| 复合硅酸盐水泥 | P·C | ≥50 且＜80 | >20 且≤50⑤ | | | |

注：① 本组分材料为符合《通用硅酸盐水泥》（GB 175—2007）第 5.2.3 条的活性混合材料，其中允许用不超过水泥质量 8% 且符合《通用硅酸盐水泥》（GB 175—2007）第 5.2.4 条的非活性混合材料或不超过水泥质量 5% 且符合《通用硅酸盐水泥》（GB 175—2007）第 5.2.5 条的窑灰代替。
② 本组分材料为符合《用于水泥中的粒化高炉矿渣》（GB/T 203—2008）或《用于水泥和混凝土中的粒化高炉矿渣粉》（GB/T 18046—2008）的活性混合材料，其中允许用不超过水泥质量 8% 且符合《通用硅酸盐水泥》（GB 175—2007）第 5.2.3 条的活性混合材料或符合《通用硅酸盐水泥》（GB 175—2007）第 5.2.4 条的非活性混合材料或符合《通用硅酸盐水泥》（GB 175—2007）第 5.2.5 条的窑灰中的任一种材料代替。
③ 本组分材料为符合《用于水泥中的火山灰质混合材料》（GB/T 2847—2005）的活性混合材料。
④ 本组分材料符合《用于水泥和混凝土中的粉煤灰》（GB/T 1596—2005）的活性混合材料。

⑤ 本组分材料为由两种(含)以上符合《通用硅酸盐水泥》(GB 175—2007)第5.2.3条的活性混合材料或/和符合《通用硅酸盐水泥》(GB 175—2007)第5.2.4条的非活性混合材料组成,其中允许用不超过水泥重量8%且符合《通用硅酸盐水泥》(GB 175—2007)第5.2.3条的窑灰代替。掺矿渣时混合材料掺量不得与矿渣硅酸水泥重复。

3)强度等级。

(1)硅酸盐水泥的强度等级分为42.5、42.5R、52.5、52.5R、62.5、62.5R六个等级。

(2)普通硅酸盐水泥的强度等级分为42.5、42.5R、52.5、52.5R四个等级。

(3)矿渣硅酸盐水泥、火山灰质硅酸盐水泥、粉煤灰硅酸盐水泥、复合硅酸盐水泥的强度等级分为32.5、32.5R、42.5、42.5R、52.5、52.5R六个等级。

4)技术要求。

(1)化学指标。

通用硅酸盐水泥化学指标应符合表2-2所列规定。

表2-2　通用硅酸盐水泥化学指标(%)

| 品种 | 代号 | 不掺物(质量分数) | 烧失量(质量分数) | 三氧化硫(质量分数) | 氯化镁(质量分数) | 氯粒子(质量分数) |
|---|---|---|---|---|---|---|
| 硅酸盐水泥 | P·Ⅰ | ≤0.75 | ≤3.0 | ≤3.5 | ≤5.0① | ≤0.06③ |
|  | P·Ⅱ | ≤1.50 | ≤3.5 | | | |
| 普通硅酸盐水泥 | P·O | — | ≤5.0 | | | |
| 矿渣硅酸盐水泥 | P·S·A | | | ≤4.0 | ≤6.0② | |
|  | P·S·B | | | | | |
| 火山灰质硅酸盐水泥 | P·P | | | ≤3.5 | ≤6.0② | |
| 粉煤灰硅酸盐水泥 | P·F | | | | | |
| 复合硅酸盐水泥 | P·C | | | | | |

注:① 如果水泥压蒸试验合格,则水泥中氯化镁的含量(质量分数)允许放宽至6.0%。

② 如果水泥中氧化镁的含量(质量分数)大于6.0%时,需进行水泥压蒸安全性试验并合格。

③ 当有更低要求时,该指标由买卖双方确定。

(2)碱含量(选择性指标)。

水泥中碱含量按 $Na_2O + 0.658K_2O$ 计算值表示。如使用活性骨料,用户要求提供低碱水泥时,水泥中的碱含量应不大于0.60%,或由买卖双方协商确定。

(3)物理指标。

① 凝结时间。

硅酸盐水泥的初凝时间不小于 45min，终凝时间不大于 390min。

普通硅酸盐水泥、矿渣硅酸盐水泥、火山灰质硅酸盐水泥、粉煤灰硅酸盐水泥和复合硅酸盐水泥初凝不小于 45min，终凝不大于 600min。

② 安全性。

沸煮法合格。

③ 强度。

不同品种强度等级的通用硅酸盐水泥，其不同龄期的强度应符合表 2-3 所列规定。

表 2-3  不同品种强度等级的通用硅酸盐水泥，其不同龄期的强度  （单位：MPa）

| 品　种 | 强度等级 | 抗压强度 | | 抗折强度 | |
|---|---|---|---|---|---|
| | | 3 d | 28 d | 3 d | 28 d |
| 硅酸盐水泥 | 42.5 | ≥17.0 | ≥42.5 | ≥3.5 | ≥6.5 |
| | 42.5R | ≥22.0 | | ≥4.0 | |
| | 52.5 | ≥23.0 | ≥52.5 | ≥4.0 | ≥7.0 |
| | 52.5R | ≥27.0 | | ≥5.0 | |
| | 62.5 | ≥28.0 | ≥62.5 | ≥5.0 | ≥8.0 |
| | 62.5R | ≥32.0 | | ≥5.5 | |
| 普通硅酸盐水泥 | 42.5 | ≥17.0 | ≥42.5 | ≥3.5 | ≥6.5 |
| | 42.5R | ≥22.0 | | ≥4.0 | |
| | 52.5 | ≥23.0 | ≥52.5 | ≥4.0 | ≥7.0 |
| | 52.5R | ≥27.0 | | ≥5.0 | |
| 矿渣硅酸盐水泥 火山灰质硅酸盐水泥 粉煤灰硅酸盐水泥 复合硅酸盐水泥 | 32.5 | ≥10.0 | ≥32.5 | ≥2.5 | ≥5.5 |
| | 32.5R | ≥15.0 | | ≥3.5 | |
| | 42.5 | ≥15.0 | ≥42.5 | ≥3.5 | ≥6.5 |
| | 42.5R | ≥19.0 | | ≥4.0 | |
| | 52.5 | ≥21.0 | ≥52.5 | ≥4.0 | ≥7.0 |
| | 52.5R | ≥23.0 | | ≥4.5 | |

④ 细度(选择性指标)。

硅酸盐水泥和普通硅酸盐水泥的细度以比表面积表示,其比表面积不小于 300 m²/kg;矿渣硅酸盐水泥、火山灰质硅酸盐水泥、粉煤灰硅酸盐水泥和复合硅酸盐水泥的细度以筛余表示,其 80 μm 方孔筛余不大于 10%或 45 μm 的方孔筛筛余不大于 30%。

## 2. 砌筑水泥

1)用途。

砌筑水泥主要用于砌筑和抹面砂浆、垫层混凝土等,不应用于结构混凝土。

2)要求。

(1)三氧化硫。

水泥中三氧化硫含量应不大于 4.0%。

(2)细度。

80 μm 方孔筛筛余不大于 10.0%。

(3)凝结时间。

初凝不早于 60 min,终凝不迟于 12 h。

(4)安定性。

用沸煮法检验应合格。

(5)保水率。

保水率应不低于 80%。

(6)强度。

各等级水泥各龄期强度应不低于表 2-4 中数值。

表 2-4　各等级水泥各龄期强度　　　　　　　　(单位:MPa)

| 水泥等级 | 抗压强度 | | 抗折强度 | |
|---|---|---|---|---|
| | 7 d | 28 d | 7 d | 28 d |
| 12.5 | 7.0 | 12.5 | 1.5 | 3.0 |
| 22.5 | 10.0 | 22.5 | 2.0 | 4.0 |

## 3. 砂、石

1) 砂的质量要求。

(1) 分类。

① 按组成材料分类。

a. 卵石。由自然风化、水流搬运和分选、堆积形成的粒径大于 4.75 mm 的岩石颗粒,见图 2-1。

图 2-1 卵石和碎石

b. 碎石。天然岩石、卵石或矿山废石经机械破碎、筛分制成的粒径大于 4.75mm 的岩石颗粒。

② 按技术要求分类。

粗骨料按卵石、碎石技术要求分为 Ⅰ 类、Ⅱ 类、Ⅲ 类。

(2) 技术要求。

① 颗粒级配。

为保证混凝土具有良好的和易性和密实性,石子选用时也要做好颗粒级配。石子的级配通过筛分法确定。根据国标《建设用卵石、碎石》(GB/T 14685—2011)规定,石子标准筛孔径有 2.36mm、4.75mm、9.5mm、16.0mm、19.0mm、26.5mm、31.25mm、37.5mm、53.0mm、63.0mm、75.0mm 及 90.0mm 12 个方孔筛。分计筛余百分率与累计筛余百分率的计算和砂相同。普通混凝土用碎石或卵石的颗粒级配,应符合表 2-5 所列规定。

② 含泥量、泥块含量及有害物质等技术要求。

石子中不宜混有草根、树叶、树枝、塑料制品、煤块和炉渣等杂物。其含泥量、泥块含量及针、片状颗粒含量、有害物质含量、坚固性及强度要求应符合表 2-6 规定。

表 2-5　普通混凝土用碎石或卵石的颗粒级配

| 公称粒径/mm | 累积筛余(%) 方孔筛/mm | | | | | | | | | | | |
| --- | --- | --- | --- | --- | --- | --- | --- | --- | --- | --- | --- | --- |
| | 2.36 | 4.75 | 9.50 | 16.0 | 19.0 | 26.5 | 31.5 | 37.5 | 53.0 | 63.0 | 75.0 | 90 |
| **连续粒级** | | | | | | | | | | | | |
| 5~16 | 95~100 | 85~100 | 30~60 | 0~10 | 0 | | | | | | | |
| 5~20 | 95~100 | 90~100 | 40~80 | — | 0~10 | 0 | | | | | | |
| 5~25 | 95~100 | 90~100 | — | 30~70 | — | 0~5 | 0 | | | | | |
| 5~31.5 | 95~100 | 90~100 | 70~90 | — | 15~45 | — | 0~5 | 0 | | | | |
| 5~40 | — | 95~100 | 70~90 | — | 30~65 | — | — | 0~5 | 0 | | | |
| **单粒粒级** | | | | | | | | | | | | |
| 5~10 | 95~100 | 80~100 | 0~15 | 0 | | | | | | | | |
| 10~16 | | 95~100 | 80~100 | 0~15 | 0 | | | | | | | |
| 10~20 | | 95~100 | 85~100 | — | 0~15 | 0 | | | | | | |
| 16~25 | | — | 95~100 | 55~70 | 25~40 | 0~10 | | | | | | |
| 16~31.5 | 95~100 | | 85~100 | — | — | — | 0~10 | 0 | | | | |
| 20~40 | | | | 95~100 | 80~100 | — | — | 0~10 | 0 | 30~60 | | |
| 40~80 | | | | | 95~100 | | | 70~100 | | 30~60 | 0~10 | 0 |

表 2-6　碎石和卵石有害杂质含量、坚固性及强度要求

| 项　　目 | 指　　标 | | |
|---|---|---|---|
| | I类 | II类 | III类 |
| 针、片状颗粒含量(按重量计)不大于(%) | 5 | 10 | 15 |
| 含泥量(按重量计)不大于(%) | 0.5 | 1.0 | 1.5 |
| 泥块含量(按重量计)不大于(%) | 0 | 0.2 | 0.5 |
| 硫化物及硫酸盐含量(按 $SO_3$ 重量计)不大于(%) | 0.5 | 1.0 | 1.0 |
| 有机物 | 合格 | 合格 | 合格 |
| 坚固性(重量损失)不大于(%) | 5 | 8 | 12 |
| 碎石压碎不大于(%) | 10 | 20 | 30 |
| 卵石压碎不大于(%) | 12 | 14 | 16 |

③ 最大粒径。

石子中最大粒径指公称粒级的上限。如某粒级 5～25mm,上限粒径是25mm,称该粒级的最大粒径。

石子的最大粒径越大,总表面积越小,则混凝土的用水量、水泥量越小,因此,条件允许最大粒径宜选大一些。但最大粒径过大,混凝土和易性变差,易产生离析现象,影响强度。因此最大粒径的选择,应根据建筑物及构筑物的种类、尺寸,钢筋间距离及施工方式等因素决定。《混凝土结构工程施工质量验收规范》(GB 50204—2002)中规定:混凝土粗骨料的最大粒径不得超过结构截面最小边长尺寸的 1/4;同时不得大于钢筋间最小净距的 3/4;对混凝土实心板,骨料最大粒径不宜超过板厚的 1/3,且不得超过 40mm;对泵送混凝土,碎石的最大粒径与输送管内径之比不宜大于 1/3,卵石不宜大于 1/2.5。一般在水利、海港等大型工程中最大粒径通常采用 120mm 或 150mm,在房屋建筑工程中通常采用20mm、31.5mm 和 40mm。

④ 骨料形状及表面特征。

碎石表面粗糙、多棱角,与水泥浆的黏结较好。卵石表面光滑、圆浑,与水泥浆结合力差。在水泥用量和水用量相同情况下,碎石拌制的混凝土流动性较差,但强度较高,尤其是抗折强度较高。骨料表面形状对高强度混凝土影响显著。

石子中的针状(颗径长度大于该颗粒所属粒级平均粒径的 2.4 倍)和片状(厚度小于平均粒径的 0.4 倍)颗粒会降低混凝土强度,其含量必须符合表 2-6 中所列规定。

⑤ 粗骨料的强度与坚固性。

石子在混凝土中起骨架作用,因此必须具有足够的强度和坚固性。

碎石或卵石的强度,可用岩石的立方体强度和压碎指标两种方法表示。

根据《建设用卵石、碎石》(GB/T 14685—2011)规定,岩石立方体强度是从母岩中切取试样,制成边长为 5 cm 的立方体(或直径与高均为 5 cm 的圆柱体)试件,在水饱和状态下的极限抗压强度($R$),是其破坏荷载($F$)与试件的截面积($A$)的比值。

$$R = F/A \tag{2-1}$$

式中　$R$——抗压强度,MPa;

$F$——破坏荷载,N;

$A$——试件的荷载面积,mm$^2$。

碎石或卵石压碎指标值是用一定规格的圆钢筒,装入一定量气干状态的 9.5~19mm 石子颗粒,在压力机上按规定速度均匀施加荷载达 200kN 并稳荷 5s,卸荷后称取试样重($G_1$),再用孔径 2.36mm 筛筛分,称其筛余量($G_2$)计算石子压碎值 $Q_e$:

$$Q_e = \frac{G_1 - G_2}{G_1} \times 100 \tag{2-2}$$

式中　$Q_e$——压碎指标,%;

$G_1$——试样的质量,g;

$G_2$——压碎试验后筛余的试验质量,g。

压碎值越小,表示其抵抗裂碎能力越强,因而间接地反映其强度。碎石或卵石的压碎值应符合《普通混凝土用砂、石质量及检验方法标准》(JGJ 52—2006)中压碎指标的规定。

石子的坚固性指在气候、外力及其他物理力学因素(如冻融循环)作用下,骨料抵抗碎裂的能力。石子的坚固性是用硫酸钠溶液法检验,试样经五次饱和烘干循环后,其重量损失应不超过表 2-6 中所列规定。

⑥ 表观密度、连续级配松散堆积空隙率。

卵石、碎石表观密度应符合如下规定:表观密度不小于 2 600kg/m$^3$,连续级配松散堆积空隙率应符合表 2-7 所列规定。

表 2-7　卵石、碎石连续配松散堆积空隙率

| 类别 | Ⅰ类 | Ⅱ类 | Ⅲ类 |
|---|---|---|---|
| 空隙率(%) | ≤43 | ≤45 | ≤47 |

⑦ 吸水率。

吸水率应符合表 2-8 规定。

表 2-8　卵石、碎石吸水率

| 类别 | Ⅰ | Ⅱ | Ⅲ |
|------|-----|-----|-----|
| 吸水率(%) | ≤1.0 | ≤2.0 | ≤2.0 |

⑧ 碱骨料反应。

混凝土粗骨料经碱-骨料反应试验后,由卵石、碎石制备的试件无裂缝、酥裂、胶体外溢等现象,在规定的试验龄期的膨胀率应小于 0.10%。

2) 石的质量要求。

水泥、砂与水混合后成为砂浆,填充粗骨料所形成的骨架空隙。在水泥水化的同时,成为凝胶,起胶结作用。

我国标准规定以绝干状态作为混凝土配合比设计的基础。这是因为坚固的骨料其饱和面干吸水率不超过 2%,而且在工程施工中必须经常测定骨料的含水率,以及时调整混凝土组成材料的实际用量比例,从而保证混凝土的质量。日本是以饱和面干状态为混凝土配合比设计的基础。饱和面干骨料中所含的水不参与水化和混凝土微结构的形成,也不参与混凝土的拌和,是属于骨料本身的一部分,只会在混凝土硬化、自由水减少后才能出来对界面起养护作用。

(1) 分类。

① 按产源分类。

a. 天然砂。自然生成的,经人工开采和筛分的粒径小于 4.75mm 的岩石颗粒,包括河砂、湖砂、山砂、淡化海砂但不包括软质、风化的岩石颗粒。

b. 机制砂。经除土处理,由机械破碎、筛分制成的,粒径小于 4.75mm 的岩石、矿山尾矿或工业废渣颗粒,但不包括软质、风化的岩石颗粒,俗称人工砂。

② 按技术要求分类。

砂按技术要求分为Ⅰ类、Ⅱ类、Ⅲ类。

③ 按规格分类。

砂按规格分为粗砂、中砂、细砂见图 2-2。粗、中、细的区别则以细度模数的大小区分。如表 2-9 所示。

图 2-2　粗砂、中砂和细砂

表 2-9　砂的规格表

| 规格 | 细度模数（%） |
|---|---|
| 粗砂 | 3.7～3.1 |
| 中砂 | 3.0～2.3 |
| 细砂 | 2.2～1.6 |

（2）颗粒级配。

砂的颗粒级配，即表示粒径不同的砂混合后的搭配情况。在混凝土中砂粒之间的空隙由水泥浆所填充，为达到节约水泥和提高混凝土强度的目的，应尽量减少砂粒之间的空隙。较好的颗粒级配是在粗颗粒砂的空隙中由中颗粒砂填充，中颗粒砂的空隙再由细颗粒砂填充，这样逐级填充，使砂形成最密集的堆积，空隙率达到最小程度。

砂的颗粒级配用级配区表示，以级配区或筛分曲线判定砂级配的合格性。对细度模数为 3.7～1.6 的普通混凝土用砂，根据 0.60mm 孔径筛（控制粒级）的累计筛余百分率（见表 2-10），划分成为Ⅰ区、Ⅱ区、Ⅲ区三个级配区（见表 2-11）。普通混凝土用砂的颗粒级配，应处于表 2-10 中的任何一个级配区中，才符合级配要求。除 4.75mm 及 0.60mm 筛外，允许有部分超出分区界限，但其总量不应大于 5%。

表 2-10　砂的颗粒级配

| 砂的分类 | 天然砂 | | | 机制砂 | | |
|---|---|---|---|---|---|---|
| 级配区 | Ⅰ区 | Ⅱ区 | Ⅲ区 | Ⅰ区 | Ⅱ区 | Ⅲ区 |
| 方筛孔 | 累计筛余（%） | | | | | |
| 4.75mm | 10～0 | 10～0 | 10～0 | 10～0 | 10～0 | 10～0 |
| 2.36mm | 35～5 | 25～0 | 15～0 | 35～5 | 25～0 | 15～0 |
| 1.18mm | 65～35 | 50～10 | 25～0 | 65～35 | 50～10 | 25～0 |
| 600$\mu$m | 85～71 | 70～41 | 40～16 | 85～71 | 70～41 | 40～16 |
| 300$\mu$m | 95～80 | 92～70 | 85～55 | 95～80 | 92～70 | 5～55 |
| 150$\mu$m | 100～90 | 100～90 | 100～90 | 97～85 | 94～80 | 94～75 |

表 2-11　砂的级配类别

| 类别 | Ⅰ | Ⅱ | Ⅲ |
|---|---|---|---|
| 级配区 | 2 区 | 1、2、3 区 | |

（3）细度模数的测定。

砂的细度模数的确定,是将砂送交试验室筛分,将筛分结果按下式计算确定。

$$\mu_f = \frac{(A_2 + A_3 + A_4 + A_5 + A_6) - 5A_1}{100 - A_1} \tag{2-3}$$

式中　$\mu_f$——细度模数;

　　　　$A_1$、$A_2$、$A_3$、$A_4$、$A_5$、$A_6$——4.75mm、2.36mm、1.18mm、0.6mm、0.3mm、

　　　　　　　　　　　　　　　　0.15mm 筛的累计筛余百分率。

在配制混凝土时,应优先选用中砂。还应注意,砂的细度模数并不能反映其级配的优劣,细度模数相同时,级配可能差别很大。所以配制混凝土时,砂的粗细程度和颗粒级配必须同时考虑。

(4) 有害物质限量。

砂中不应混有草根、树叶、树枝、塑料制品、煤块和炉渣等杂物。砂中如含有云母、轻物质、有机物、硫化物及硫酸盐、氯盐等,其含量应符合表 2-12 所列规定。

表 2-12　砂中有害杂质含量的规定

| 项　目 | 指　标 | | |
|---|---|---|---|
| | Ⅰ类 | Ⅱ类 | Ⅲ类 |
| 含泥量(指<75μm 的尘屑、淤泥和黏土总含量)(按重量计)不大于(%) | 1.0 | 3.0 | 5.0 |
| 泥块含量(按重量计)不大于(%) | 0 | 1.0 | 2.0 |
| 云母含量(按重量计)不大于(%) | 1.0 | 2.0 | 2.0 |
| 轻物质(表观密度<2.0kg/m³)含量(按重量计)不大于(%) | 1.0 | | |
| 硫化物和硫酸盐含量(按 SO₃ 含量计)不大于(%) | 0.5 | | |
| 有机物含量 | 合格 | | |
| 氯化物(以氯离子重量计)不大于(%) | 0.01 | 0.02 | 0.06 |

(5) 坚固性。

砂的坚固性是指砂在自然风化和其他外界物理化学因素作用下抵抗破裂的能力。按国家标准《建设用砂》(GB/T 14684—2011)规定,用硫酸钠溶液检验,砂样经 5 次饱和烘干循环后其质量损失应符合表 2-13 所列规定。

表 2-13 砂的坚固性指标

| 项 目 | 指 标 | | |
|---|---|---|---|
| | Ⅰ类 | Ⅱ类 | Ⅲ类 |
| 重量损失不大于(%) | 8 | 8 | 10 |

## 4. 塑化材料

1) 建筑生石灰。

(1) 分类与等级。

① 分类。

按化学成分钙质生石灰氧化镁含量小于等于 5%,镁质生石灰氧化镁含量大于 5%。

② 等级。

建筑生石灰分为优等品、一等品、合格品。

(2) 技术要求。

建筑生石灰的技术指标应符合表 2-14 所列规定。

表 2-14 建筑生石灰的技术指标

| | 钙质生石灰 | | | 镁质生石灰 | | |
|---|---|---|---|---|---|---|
| | 优等品 | 一等品 | 合格品 | 优等品 | 一等品 | 合格品 |
| CaO+MgO 含量不大于(%) | 90 | 85 | 80 | 85 | 80 | 75 |
| 未消化残渣含量(5 mm 圆孔筛余)不大于(%) | 5 | 10 | 15 | 5 | 10 | 15 |
| $CO_2$ 不大于(%) | 5 | 7 | 9 | 6 | 8 | 10 |
| 产浆量不小于/(L/kg) | 2.8 | 2.3 | 2.0 | 2.8 | 2.3 | 2.0 |

2) 建筑生石灰粉。

(1) 分类与等级。

参见上述(1)分类与等级。

(2) 技术要求。

建筑生石灰粉的技术指标应符合表 2-15 所列规定。

表 2-15　建筑生石灰粉的技术指标

| | | 钙质生石灰粉 | | | 镁质生石灰粉 | | |
|---|---|---|---|---|---|---|---|
| | | 优等品 | 一等品 | 合格品 | 优等品 | 一等品 | 合格品 |
| CaO＋MgO 含量不小于(%) | | 85 | 80 | 75 | 80 | 75 | 70 |
| $CO_2$ 不大于(%) | | 7 | 9 | 11 | 8 | 10 | 12 |
| 细度 | 0.90 mm 筛的筛余不大于(%) | 0.2 | 0.5 | 1.5 | 0.2 | 0.5 | 1.5 |
| | 0.125 mm 筛的筛余不大于(%) | 7.0 | 12.0 | 18.0 | 7.0 | 12.0 | 18.0 |

3）建筑砂浆增塑剂。

（1）匀质性指标。

增塑剂的匀质性指标应符合表 2-16 所列规定。

表 2-16　增塑剂的匀质性指标

| 序号 | 试验项目 | 性能指标 |
|---|---|---|
| 1 | 固体含量 | 对液体增塑剂，不应小于生产厂最低控制值 |
| 2 | 含水量 | 对固体增塑剂，不应大于生产厂最大控制值 |
| 3 | 密度 | 对液体增塑剂，应在生产厂控制值的 ±0.02 g/cm³ 以内 |
| 4 | 细度 | 0.315 mm 筛的筛余量不应大于 15% |

（2）氯离子含量。

增塑剂中氯离子含量不应超过 0.1%。无钢筋配置的砌体使用的增塑剂不需要检验氯离子含量。

（3）受检砂浆性能指标。

受检砂浆性能指标应符合表 2-17 所列规定。

表 2-17　受检砂浆性能指标

| 序号 | 试验项目 | | 性能指标 |
|---|---|---|---|
| 1 | 分层度/mm | | 10～30 |
| 2 | 含气量(%) | 标准搅拌 | ≤20 |
| | | 1 h 静置 | ≥(标准搅拌时的含气量－4) |

续表

| 序号 | 试验项目 | | 性能指标 |
|---|---|---|---|
| 3 | 凝结时间/min | | ＋60～－30 |
| 4 | 抗压强度比(%) | 7 d | ≥75 |
| | | 28 d | |
| 5 | 抗冻性(%)<br>(25 次融循环) | 抗压强度损失率 | ≤25 |
| | | 质量损失率 | ≤5 |

注:有抗冻性要求的寒冷地区应进行抗冻性试验,无抗冻性要求的地区可不进行抗冻性试验。

(4)受检砂浆砌体强度指标。

受检砂浆砌体强度应符合表 2-18 所列规定。

表 2-18　受检砂浆砌体强度指标

| 序　号 | 试验项目 | 性能指标 |
|---|---|---|
| 1 | 砌体抗压强度比 | ≥95% |
| 2 | 砌体抗剪强度 | ≥95% |

注:① 试验报告中应说明试验结果仅适用于试验的块材料砌成的砌体,当增塑剂用于其他块体材料砌成的砌体时应另行检验,检测结果应满足本表的要求。块体材料的种类分为四类:烧结普通砖、烧结多孔砖;蒸压灰砂砖、蒸压粉煤灰砖;混凝土砌块、毛料石;毛石。

② 用于砌筑非承重墙的增塑剂可不作砌体强度性能要求。

4)砂浆、混凝土防水剂。

(1)防水剂匀质性指标。

匀质性指标应符合表 2-19 所列规定。

表 2-19　匀质性指标

| 试验项目 | 指　　标 | |
|---|---|---|
| | 液　体 | 粉状 |
| 密度/(g/cm³) | $D \geq 1.1$ 时,要求为 $D \pm 0.03$<br>$D \leq 1.1$ 时,要求为 $D \pm 0.02$<br>$D$ 是生产厂家提供的密度值 | |
| 氯离子含量(%) | 应小于生产厂最大控制值 | 应小于生产厂最大控制值 |
| 总碱量(%) | 应小于生产厂最大控制值 | 应小于生产厂最大控制值 |
| 细度(%) | — | 0.315 mm 筛筛余应小于 15% |

续表

| 试验项目 | 指 标 | |
| --- | --- | --- |
| | 液 体 | 粉 状 |
| 含水率(%) | — | $W \geqslant 5\%$ 时,$0.09W \leqslant X \leqslant 1.10W$;<br>$W < 5\%$ 时,$0.80W \leqslant X \leqslant 1.10W$;<br>$W$ 是生产长提供的含水率(重量%),$X$ 是测试的含水率(重量%) |
| 固体含量(%) | $S \geqslant 20\%$,$0.95S \leqslant X < 1.05S$;<br>$S < 20\%$,$0.90S \leqslant X < 1.10S$;<br>$S$ 是生产厂提供的固体含量(重量%),$X$ 是测试的固体含量(重量%) | |

注:生产厂应在产品说明书中明示产品匀质性指标的控制值。

(2) 受检砂浆的性能指标。

受检砂浆的性能指标应符合表 2-20 所列规定。

表 2-20　受检砂浆的性能指标

| 试验项目 | | 性能指标 | |
| --- | --- | --- | --- |
| | | 一等品 | 合格品 |
| 安定性 | | 合格 | 合格 |
| 凝结时间 | 初凝不小于/min | 45 | 45 |
| | 终凝不大于/h | 10 | 10 |
| 抗压强度比不小于(%) | 7 d | 100 | 85 |
| | 28 d | 90 | 80 |
| 透水压力比不小于(%) | | 300 | 200 |
| 吸水量比(48h)不大于(%) | | 65 | 75 |
| 收缩率比(28 d)不大于(%) | | 125 | 137 |

注:安定性和凝结时间为受检净浆的试验结果,其他项目数据均指受检砂浆与基准砂浆的比值。

5）拌制砂浆用水。

（1）拌制砂浆用水的水质应符合《混凝土用水标准》（JGJ 63—2006）的有关规定。

（2）水是砂浆不可缺少、不可替代的主要组分之一，直接影响拌和物的性能，如力学性能、长期性能和耐久性能，因此在工程中应用时，应符合《混凝土用水标准》（JGJ 63—2006）规定。

（3）水的 pH 值小于 4.0 时，属酸性水，不适于拌制砂浆。

（4）不溶物含量限值主要是限制水中泥土、悬浮物等物质，当这类物质含量较高时，会影响砂浆的质量，但控制在水泥含量的 1% 以内时，影响较小。

（5）可溶物含量限值主要是限制水中各类盐的总量，从而限制水中各类离子对混凝土和砂浆性能的影响。

（6）氯离子会引起钢筋锈蚀，影响结构的耐久性。

（7）硫酸根离子会与水泥产生反应，进而影响砂浆的体积稳定性，而且对钢筋也有腐蚀作用。

（8）油污染的水和泡沫明显的水会影响砂浆的性能。有异味的水会影响环境。

（9）在无法获得水源的情况下，海水可用于拌和砌筑砂浆，但不应用于配筋砌体和配有构造钢筋、连接钢筋的砌体。

（10）水经水质分析试验后，若相关指标均符合要求，唯水中固态悬浮物（含泥量）超过规定时，可采取沉淀及过滤等措施进行处理。

# 二、砂浆的配合比与拌制

## 1. 砂浆的技术条件

1）水泥砂浆及预拌砌筑砂浆的强度等级可分为 M5、M7.5、M10、M15、M20、M25、M30；水泥混合砂浆的强度等级可分为 M5、M7.5、M10、M15。

2）砌筑砂浆拌和物的表观密度宜符合表 2-21 所列规定。

表 2-21　砌筑砂浆拌和物的表观密度　　（单位：kg/m³）

| 砂浆种类 | 表观密度 |
| --- | --- |
| 水泥砂浆 | ≥1 900 |
| 水泥混合砂浆 | ≥1 800 |
| 预拌砌筑砂浆 | ≥1 800 |

3）砌筑砂浆的稠度、保水率、试配抗压强度应同时满足要求。

4）砌筑砂浆施工时的稠度宜按表 2-22 选用。

表 2-22　砌筑砂浆的施工稠度　　　　　　　（单位：mm）

| 砌体种类 | 施工稠度 |
|---|---|
| 烧结普通砖砌体、粉煤灰砖砌体 | 70～90 |
| 混凝土砖砌体、普通混凝土小型空心砌块砌体、灰砂砖砌体 | 50～70 |
| 烧结多孔砖砌体、烧结空心砖砌体、轻骨料混凝土小型空心砌块砌体、蒸压加气混凝土砌块砌体 | 60～80 |
| 石砌体 | 30～50 |

5）砌筑砂浆的保水率应符合表 2-23 所列规定。

表 2-23　砌筑砂浆的保水率　　　　　　　　（单位：%）

| 砂浆种类 | 保水率 |
|---|---|
| 水泥砂浆 | ≥80 |
| 水泥混合砂浆 | ≥84 |
| 预拌砌筑砂浆 | ≥88 |

6）有抗冻性要求的砌体工程，砌筑砂浆应进行冻融试验。砌筑砂浆的抗冻性应符合表 2-24 所列规定，且当设计对抗冻性有明确要求时，尚应符合设计规定。

表 2-24　砌筑砂浆的抗冻性

| 使用条件 | 抗冻指标 | 质量损失率（%） | 强度损失率（%） |
|---|---|---|---|
| 夏热冬暖地区 | F15 | ≤5 | ≤25 |
| 夏热冬冷地区 | F25 | | |
| 寒冷地区 | F35 | | |
| 严寒地区 | F50 | | |

7）砌筑砂浆中的水泥和石灰膏、电石膏等材料的用量可按表 2-25 选用。

表 2-25　砌筑砂浆的材料用量　（单位：kg/m³）

| 砂浆种类 | 材料用量 |
|---|---|
| 水泥砂浆 | ≥200 |
| 水泥混合砂浆 | ≥350 |
| 预拌砌筑砂浆 | ≥200 |

注：① 水泥砂浆中的材料用量是指水泥用量。
　② 水泥混合砂浆中的材料用量是指水泥和石灰膏、电石膏的材料总量。
　③ 预拌砌筑砂浆中的材料用量是指胶凝材料用量，包括水泥和替代水泥的粉煤灰等活性矿物掺和料。

8）砌筑砂浆中可掺入保水增稠材料、外加剂等，掺量应经试配后确定。

9）砌筑砂浆试配时应采用机械搅拌，搅拌时间应自开始加水算起，并应符合下列规定：

（1）对水泥砂浆和水泥混合砂浆，搅拌时间不得少于 120 s；

（2）对预拌砌筑砂浆和掺有粉煤灰、外加剂、保水增稠材料等的砂浆，搅拌时间不得少于 180 s。

## 2. 现场配制砌筑砂浆的试配要点

1）现场配制水泥混合砂浆的试配。

（1）配合比计算步骤。

① 计算砂浆试配强度（$f_{m,0}$）；

② 计算每立方米砂浆中的水泥用量（$Q_c$）；

③ 计算每立方米砂浆中石灰膏用量（$Q_D$）；

④ 确定每立方米砂浆中的砂用量（$Q_s$）；

⑤ 按砂浆稠度选每立方米砂浆用水量（$Q_w$）。

（2）砂浆的试配强度应按下式计算：

$$f_{m,0} = kf_2 \tag{2-4}$$

式中　$f_{m,0}$——砂浆的试配强度，MPa，应精确至 0.1 MPa；

　　　$f_2$——砂浆强度等级值，MPa，应精确至 0.1 MPa；

　　　$k$——系数，按表 2-26 取值。

表 2-26　砂浆强度标准差 $\sigma$

| 强度标准差 $\sigma/\text{MPa}$　　强度等级　　施工水平 | M5 | M7.5 | M10 | M15 | M20 | M25 | M30 |
|---|---|---|---|---|---|---|---|
| 优良($k=1.15$) | 1.00 | 1.50 | 2.00 | 3.00 | 4.00 | 5.00 | 6.00 |
| 一般($k=1.20$) | 1.25 | 1.88 | 2.50 | 3.75 | 5.00 | 6.25 | 7.50 |
| 较差($k=1.25$) | 1.50 | 2.25 | 3.00 | 4.50 | 6.00 | 7.50 | 9.00 |

(3) 砂浆强度标准差的确定应符合下列规定:

① 当有统计资料时,砂浆强度标准差应按下式计算:

$$\sigma = \sqrt{\dfrac{\sum_{i=1}^{n} f_{\text{m},i}^2 - n\mu_{\text{fm}}^2}{n-1}} \tag{2-5}$$

式中　$f_{\text{m},i}$——统计周期内同一品种砂浆第 $i$ 组试件的强度,MPa;

　　　$\mu_{\text{fm}}$——统计周期内同一品种砂浆 $n$ 组试件强度的平均值,MPa;

　　　$n$——统计周期内同一品种砂浆试件的总组数,$n \geqslant 25$。

② 当无统计资料时,砂浆强度标准差可按表 2-25 取值。

(4) 水泥用量的计算应符合下列规定:

① 每立方米砂浆中的水泥用量,应按下式计算:

$$Q_{\text{c}} = 1\,000(f_{\text{m},0} - \beta)/(\alpha f_{\text{ce}}) \tag{2-6}$$

式中　$Q_{\text{c}}$——每立方米砂浆的水泥用量,kg,应精确至 1 kg;

　　　$f_{\text{ce}}$——水泥的实测强度,MPa,应精确至 0.1 MPa;

　　　$\alpha$、$\beta$——砂浆的特征系数,其中 $\alpha$ 取 3.03,$\beta$ 取 -15.09。

注:各地区也可用本地区试验资料确定 $\alpha$、$\beta$ 值,统计用的试验组数不得少于 30 组。

② 在无法取得水泥的实测强度值时,可按下式计算:

$$f_{\text{ce}} = \gamma_{\text{c}} f_{\text{ce},k} \tag{2-7}$$

式中　$f_{\text{ce},k}$——水泥强度等级值,MPa;

　　　$\gamma_{\text{c}}$——水泥强度等级值的富余系数,宜按实际统计资料确定;无统计资料时可取 1.0。

(5) 石灰膏用量应按下式计算:

$$Q_{\text{D}} = Q_{\text{A}} - Q_{\text{c}} \tag{2-8}$$

式中　$Q_{\text{D}}$——每立方米砂浆的石灰膏用量,kg,应精确至 1 kg,使用时的稠度宜为(120±5)mm；

$Q_c$——每立方米砂浆的水泥用量，kg，应精确至 1 kg；

$Q_A$——每立方米砂浆中水泥和石灰膏总量，应精确至 1 kg，可为 350 kg。

（6）每立方米砂浆中的砂用量，应按干燥状态（含水率小于 0.5%）的堆积密度值作为计算值（kg）。

（7）每立方米砂浆中的用水量，可根据砂浆稠度等要求选用 210～310 kg。

注：① 混合砂浆中的用水量不包括石膏中的水；

② 当采用细砂或粗砂时，用水量分别取上限或下限；

③ 稠度小于 70 mm 时，用水量可小于下限；

④ 施工现场气候炎热或干燥，可酌量增加用水量。

2）现场配制水泥砂浆的试配应符合下列规定：

（1）水泥砂浆的材料用量可按表 2-27 选用。

表 2-27　每立方米水泥砂浆材料用量　　（单位：kg/m³）

| 强度等级 | 水泥 | 砂 | 用水量 |
|---|---|---|---|
| M5 | 200～230 | | |
| M7.5 | 230～260 | | |
| M10 | 260～290 | | |
| M15 | 290～330 | 砂的堆积密度值 | 270～330 |
| M20 | 340～400 | | |
| M25 | 360～410 | | |
| M30 | 430～480 | | |

注：① M15 及 M15 以下强度等级水泥砂浆，水泥强度等级为 32.5 级；M15 以上强度等级水泥砂浆，水泥强度等级为 42.5 级；

② 当采用细砂或粗砂时，用水量分别取上限或下限；

③ 稠度小于 70 mm 时，用水量可小于下限；

④ 施工现场气候炎热或干燥，可酌量增加用水量；

⑤ 试配强度应按式（2-1）计算。

（2）水泥粉煤灰砂浆材料用量可按表 2-28 选用。

表 2-28  每立方米水泥粉煤灰砂浆材料用量    （单位：kg/m³）

| 强度等级 | 水泥和粉煤灰总量 | 粉煤灰 | 砂 | 用水量 |
|---|---|---|---|---|
| M5 | 210～240 | 粉煤灰掺量可占胶凝材料总量的 15%～25% | 砂的堆积密度值 | 270～330 |
| M7.5 | 240～270 | | | |
| M10 | 270～300 | | | |
| M15 | 300～330 | | | |

注：① 表中水泥强度等级为 32.5 级；

② 当采用细砂或粗砂时，用水量分别取上限或下限；

③ 稠度小于 70 mm 时，用水量可小于下限；

④ 施工现场气候炎热或干燥，可酌量增加用水量；

⑤ 试配强度应按式(2-1)计算。

### 3. 预拌砌筑砂浆的试配要点

1) 预拌砌筑砂浆应符合下列规定：

(1) 在确定湿拌砌筑砂浆稠度时应考虑砂浆在运输和储存过程中的稠度损失。

(2) 湿拌砌筑砂浆应根据凝结时间要求确定外加剂掺量。

(3) 干混砌筑砂浆应明确拌制时的加水量范围。

(4) 预拌砌筑砂浆的搅拌、运输、储存等应符合《预拌砂浆》(JG/T 230—2007)的规定。

(5) 预拌砌筑砂浆性能应符合《预拌砂浆》(JG/T 230—2007)的规定。

2) 预拌砌筑砂浆的试配应符合下列规定：

(1) 预拌砌筑砂浆生产前应进行试配，试配强度应按式(2-1)计算确定，试配时稠度取 70～80 mm。

(2) 预拌砌筑砂浆中可掺入保水增稠材料、外加剂等，掺量应经试配后确定。

### 4. 砌筑砂浆配合比试配、调整与确定

1) 砌筑砂浆试配时应考虑工程实际要求，搅拌应符合下列规定：

(1) 对水泥砂浆和水泥混合砂浆，搅拌时间不得少于 120 s。

(2) 对预拌砌筑砂浆和掺有粉煤灰、外加剂、保水增稠材料等的砂浆，搅拌时间不得少于 180 s。

2) 按计算或查表所得配合比进行试拌时，应按《建筑砂浆基本性能试验方法标准》(JGJ/T 70—2009)测定砌筑砂浆拌和物的稠度和保水率。当稠度和保水率不能满足要求时，应调整材料用量，直到符合要求为止，然后确定为试配时

的砂浆基准配合比。

3）试配时至少应采用三个不同的配合比,其中一个配合比应为按本计算得出的基准配合比,其余两个配合比的水泥用量应按基准配合比分别增加及减少10%。在保证稠度、保水率合格的条件下,可对用水量、石灰膏、保水增稠材料或粉煤灰等活性掺和料用量作相应调整。

4）砌筑砂浆试配时稠度应满足施工要求,应按《建筑砂浆基本性能试验方法标准》(JGJ/T 70—2009)分别测定不同配合比砂浆的表观密度及强度;应选定符合试配强度及和易性要求、水泥用量最低的配合比作为砂浆的试配配合比。

5）砌筑砂浆试配配合比应按下列步骤进行校正:

(1) 应根据上述 4)条确定的砂浆配合比材料用量,按下式计算砂浆的理论表观密度值:

$$\rho_t = Q_c + Q_D + Q_s + Q_w \qquad (2-9)$$

式中　$\rho_t$——砂浆的理论表观密度值(kg/m³),应精确至 10 kg/m³。

(2) 应按下式计算砂浆配合比校正系数 $\delta$:

$$\delta = \frac{\rho_c}{\rho_t} \qquad (2-10)$$

(3) 当砂浆的实测表观密度值与理论表观密度值之差的绝对值不超过理论值的 2% 时,可将上述第 4)条得出的试配配合比确定为砂浆设计配合比;当超过 2% 时,应将试配配合比中每项材料用量均乘以校正系数($\delta$)后,确定为砂浆设计配合比。

6）预拌砌筑砂浆生产前应进行试配、调整与确定,并应符合《预拌砂浆》(JG/T 230—2007)的规定。

## 5. 砂浆强度的换算

砂浆在不同温度和龄期下,其强度增长情况是不相同的,温度高者强度也高,温度低者强度低;同时,砂浆的强度随龄期的增加而提高。因此在实际施工时当砂浆养护的温度和龄期不符合标准养护温度(20±3)℃和标准养护龄期(28 d)时,常常需要按实际养护温度和龄期进行砂浆强度换算,以确定砂浆是否达到设计强度等级要求,或据以确定砖结构(如过梁或筒拱)等的拆模时间。

1）按温度进行强度换算。

砂浆在不同温度养护条件下,不同龄期的砂浆强度增长情况,在砖石工程施工及验收规范附录一中列出两个表格,如表 2-29、表 2-30 所示。

表 2-29　用 32.5 级普通硅酸盐水泥拌制的砂浆强度增长表

| 龄期/d | 不同温度下的砂浆百分率(以在 20℃时养护 28 d 强度为 100％) | | | | | | | |
| --- | --- | --- | --- | --- | --- | --- | --- | --- |
| | 1℃ | 5℃ | 10℃ | 15℃ | 20℃ | 25℃ | 30℃ | 35℃ |
| 1 | 4 | 6 | 8 | 11 | 15 | 19 | 23 | 25 |
| 3 | 18 | 25 | 30 | 36 | 43 | 48 | 54 | 60 |
| 7 | 38 | 46 | 34 | 62 | 69 | 73 | 78 | 82 |
| 10 | 46 | 55 | 64 | 71 | 78 | 84 | 88 | 92 |
| 14 | 50 | 61 | 71 | 78 | 85 | 90 | 94 | 98 |
| 21 | 55 | 67 | 76 | 85 | 93 | 98 | 102 | 104 |
| 28 | 59 | 71 | 81 | 92 | 100 | 104 | — | — |

表 2-30　用 32.5 级矿渣硅酸盐水泥拌制的砂浆强度增长表

| 龄期/d | 不同温度下的砂浆百分率(以在 20℃时养护 28 d 强度为 100％) | | | | | | | |
| --- | --- | --- | --- | --- | --- | --- | --- | --- |
| | 1℃ | 5℃ | 10℃ | 15℃ | 20℃ | 25℃ | 30℃ | 35℃ |
| 1 | 3 | 4 | 6 | 8 | 11 | 15 | 19 | 2 |
| 3 | 12 | 18 | 24 | 31 | 39 | 45 | 50 | 56 |
| 7 | 28 | 37 | 45 | 54 | 61 | 68 | 73 | 77 |
| 10 | 39 | 47 | 54 | 63 | 72 | 77 | 82 | 86 |
| 14 | 46 | 55 | 62 | 72 | 82 | 87 | 91 | 95 |
| 21 | 51 | 61 | 70 | 82 | 92 | 96 | 100 | 104 |
| 28 | 55 | 66 | 75 | 89 | 100 | 104 | — | — |

由以上两表可知,如已知配制砂浆的水泥种类、强度等级和养护温度和龄期,即可推算出相当标准养护温度下的砂浆强度。当养护温度高于 25℃时,表内虽未列出 28 d 的强度百分率,考虑温度较高时对强度发展的有利因素,可以按 25℃时的百分率,即只要砂浆试块强度达到设计强度等级的 104％,即认为合格。当自然温度在表列温度值之间时,可以采用插入法求取百分率。

2) 按龄期进行强度换算。

由于砂浆强度等级的龄期定为 28 d,故表 2-29、表 2-30 中龄期最多为 28 d,因此根据表格最多只能推算 28 d 的砂浆强度。28 d 以上时,龄期 $t \leqslant 90$ d 的强度可按下式推算:

$$R_t = \frac{1.5tR_{28}}{14+t} \tag{2-11}$$

式中　$R_t$——龄期为 $t$(d)时的砂浆强度,MPa;

　　　$t$——龄期,d;

　　　$R_{28}$——龄期 28 d 的砂浆抗压强度,MPa。

　　式(2-11)适用于混合砂浆和水泥砂浆在温度为(20±3)℃的情况。

　　[例 1]　用 42.5 级普通硅酸盐水泥拌制 M2.5 砂浆,试块采取现场自然养护,养护期间(28 d)的平均气温为 5℃和 25℃,砂浆试块 28 d 的试压结果分别为 1.76 MPa 和 2.57 MPa,试换算该两组试块强度是否达到设计要求。

　　已知养护期限 28 d、温度分别为 5℃和 25℃,从表 2-29 查得应达到强度等级的百分率分别为 71% 和 104%。

　　即试块强度值分别应不小于:

$$2.5 \times 0.98 \times 0.71 = 1.74 (\text{MPa})$$
$$2.5 \times 0.98 \times 1.04 = 2.55 (\text{MPa})$$

　　现试压结果分别为 1.76 MPa(>1.74 MPa)和 2.57 MPa(>2.55 MPa),故知符合砂浆设计强度等级要求。

　　[例 2]　已知一组混合砂浆试块龄期 40 d 的平均强度为 2.73 MPa,试推算该试块在标准温度(20±5)℃条件下,龄期为 28 d 和 60 d 的强度。

　　龄期 28 d 的强度为:

$$2.73 = \frac{1.5 \times 40 \times R_{28}}{14+40}$$

$$R_{28} = \frac{2.73 \times 54}{1.5 \times 40} = 2.46 (\text{MPa})$$

　　龄期为 60 d 的强度为:

$$R_{60} = \frac{1.5 \times 60 \times 2.46}{14+60} = 2.99 (\text{MPa})$$

　　故知,推算龄期 28 d 和 60 d 的强度分别为 2.46MPa 和 2.99 MPa。

## 6. 砌筑砂浆的拌制

　　1)砂浆现场拌制时,各组分材料应采用重量计量。

　　2)砌筑砂浆应采用机械搅拌,自投料完算起,搅拌时间应符合下列规定:

　　(1)水泥砂浆和水泥混合砂浆不得少于 2 min;

　　(2)水泥粉煤灰砂浆和掺用外加剂的砂浆不得少于 3 min;

　　(3)掺用有机塑化剂的砂浆应为 3~5 min。

　　3)粉煤灰砂浆宜采用机械搅拌,以保证拌和物均匀。砂浆各组分的计量(按重量计)允许误差为:

水泥±2％;

粉煤灰、石灰膏和细骨料±5％。

4）搅拌粉煤灰砂浆时，宜先将粉煤灰、砂与水泥及部分拌和水先投入搅拌机，待基本均匀后再加水搅拌至所需稠度。总搅拌时间不得少于 2 min。

5）砂浆拌成后和使用时，均应盛入贮灰器中。如砂浆出现泌水现象，应在砌筑前再次拌和。

6）砂浆应随拌随用，水泥砂浆和水泥混合砂浆应分别在 3 h 和 4 h 内使用完毕。当施工期间最高气温超过 30℃时，应分别在拌成后 2 h 和 3 h 内使用完毕。

注：对掺用缓凝剂的砂浆，其使用时间可根据具体情况延长。

# 三、影响砂浆强度的因素

## 1. 配合比

配合比是指砂浆中各种原材料的比例组合，一般由试验室提供。配合比应严格计量，要求每种材料均经过磅秤称量才能进入搅拌机。材料计量要求的精度为：水泥和有机塑化剂应在±2％以内；砂、石灰膏或磨细生石灰粉应在±5％以内；水的加入量主要靠稠度控制。

## 2. 原材料

原材料的各种技术性能必须经过试验室测试检定，不合格的材料不得使用。

## 3. 搅拌时间

砂浆必须经过充分的搅拌，使水泥、石灰膏、砂子等成为均匀的混合体。特别是水泥，如果搅拌不均匀，会明显影响砂浆的强度。一般要求水泥砂浆和水泥混合砂浆在搅拌机内的搅拌时间不得少于 2 min；水泥粉煤灰砂浆和掺用外加剂砂浆，搅拌不少于 3 min。

## 4. 使用时间

现场拌制的砂浆应随拌随用，拌制的砂浆应在 3 h 内使用完毕。当施工期间最高气温超过 30℃时，应在 2 h 内使用完毕。预拌砂浆及蒸压加气混凝土砌块专用砂浆的使用时间应按照厂方提供的说明书确定。

1）砂浆停放时间对强度的影响。

　　一般硅酸盐水泥的凝结硬化过程按水化反应速率和水泥浆体的结构特征分为初始反应期、潜伏期、凝结期和硬化期四个阶段。初始反应期持续5～10 min，有1%左右的水泥发生水化。潜伏期持续1～2 h，水化反应仍很慢，水化产物数量不多，水泥颗粒仍然是分散的，水泥浆体基本保持塑性。凝结期为2～7 h，水泥颗粒表面的膜层破裂，水泥继续水化，水化物填充了水泥颗粒之间的空隙，随着接触点的增多，形成由分子力结合的凝聚结构，使水泥浆体逐渐失去塑性。在硬化期，水泥水化过程继续进行，强度随之出现和增加。对拌和的砂浆而言，水泥逐渐水化并开始形成水泥石的过程中，水泥浆的流动性降低，砂浆的稠度变小。当拌和后在一定时间内再加水拌和（重塑），虽仍具有强度，但砂浆强度会降低。根据M2.5和M5水泥石灰砂浆、M5水泥黏土砂浆、M5微沫砂浆拌和后停放时间对强度影响的试验，当试验砂浆的稠度为80 mm左右，气温为20～30℃（室内试验室气温），试验结果见图2-3。试验过程中，砂浆稠度随停放时间的延续而减少，为模拟施工状态和便于试块制作，每次试块制作时需将试块所用砂浆量取出后加适量水拌和，使砂浆稠度与初拌时基本相同。

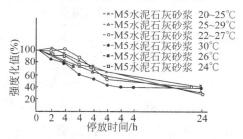

**图 2-3　砂浆停放时间对强度的影响**

　　试验结果表明，砂浆强度随砂浆拌制后时间的延长而降低，在气温20～30℃，一般4～6h强度下降10%～20%，10h强度降低40%左右，24h强度降低60%～70%。因此，该规范规定："砂浆应随拌随用。水泥砂浆和水泥混合砂浆必须分别在拌成后3h和4h内使用完毕；如施工期间最高气温超过30℃，应分别在拌成后2h和3h内使用完毕。"制定该规定的理由如下：

　　（1）在规定的时间内砌筑砂浆强度降低一般在20%以内，对砌体强度降低影响不会太大。如以砌筑砂浆强度降低20%，对采用MU15烧结砖、M10砌筑砂浆的砌体分析，砌体的抗压强度值降低8.2%，砌体的抗剪强度值降低10.6%；

　　（2）砌筑砂浆拌制后从开始使用到规定的使用时间结束有一个较长的时间段，因此，最后使用的砌筑砂浆对砌体强度降低的影响区域是十分有限的；

　　（3）砌体强度除与砌筑砂浆相关外，还与砌筑工的操作方法及精心施工程度密切相关，只要在施工中加强现场质量控制和监督检查，完全可以确保砌体的

砌筑质量;

(4) 通过砌筑砂浆配合比设计所给出的施工配合比,具有一定的强度富余量。

《砌体结构工程施工质量验收规范》(GB 50203—2011)从施工实际和尽量减小砌筑对砌体强度的不利影响出发,将砌筑砂浆拌制后的使用时间作了统一和缩短。即砌筑砂浆拌制后的使用不再分水泥砂浆和水泥混合砂浆,一律视为相同,均采用的水泥砂浆的规定。

《砌体结构工程施工质量验收规范》(GB 50203—2011)对预拌砂浆及蒸压加气混凝土砌块专用砂浆的使用时间作了补充规定:"应按照厂方提供的说明书确定。"《预拌砂浆》(JG/T 230—2007)根据施工现场情况对湿拌砌筑砂浆及干混砌筑砂浆中的缓凝剂掺量进行了调整,使砌筑砂浆的凝结时间有长有短(表 2-31)。对湿拌砂浆,由于施工时砌体砌筑的速度较慢,砂浆不能很快使用完,需要在施工现场储存一段时间。施工时,应根据现场施工安排,由供需双方确定砌筑砂浆的凝结时间。

表 2-31 预拌砌筑砂浆凝结时间 （单位:h）

| 湿拌砌筑砂浆 | 干混砌筑砂浆 |
| --- | --- |
| ≥8、≥12、≥24 | 3~8 |

必须注意,表 2-31 中所讲预拌砌筑砂浆的凝结时间并非是砌筑砂浆使用时间,使用时间应按产品说明书或其他有关标准或规定执行。对干混砌筑砂浆,一般应在其拌制后 2~3 h 内使用完毕;对湿拌砌筑砂浆,由于缓凝剂的掺量变化,砌筑砂浆的凝结时间有≥8 h、≥12 h、≥24 h 几种,因此,在施工中应特别掌握和控制使用时间,不得超时使用。

2) 预拌砂浆稠度变化对强度的影响。

关于预拌砌筑砂浆在储存期因其湿度变化对砂浆性能的影响,国内诸多学者近年来曾进行过研究,主要试验结果见表 2-32~表 2-34。

通过以上预拌砂浆稠度变化对强度的影响试验看出:

(1) 经拌制后的砂浆,随着存放时间的延长,砂浆的稠度下降,砂浆的抗压强度和黏结强度也有所下降,但下降幅度要视砂浆中的添加组分不同而变化。

(2) 在砂浆的稠度保持不变的时间内使用,砂浆的抗压强度能够保持设计值。

表 2-32　砂浆稠度变化对强度的影响(一)

| 引气剂掺量(%) | 序号 | 停放时间/h | 稠度/mm | 28 d 抗压强度/MPa | 14 d 黏结抗拉强度/MPa | |
|---|---|---|---|---|---|---|
| | | | | | 不预湿基体 | 预湿基体 |
| 0.08 | A1 | 0 | 87 | 19.9 | 0.85 | 0.83 |
| | A2 | 7 | 70 | 17.8 | 0.78 | 0.77 |
| | A3 | 13 | 57 | 18.4 | 0.76 | 0.55 |
| | A4 | 49.5 | 42→88 | 14.8 | 0.78 | 0.82 |
| 0.10 | B1 | 0 | 93 | 15.3 | 0.88 | 0.88 |
| | B2 | 21.5 | 75 | 15.1 | 0.63 | 0.63 |
| | B3 | 32.5 | 60 | 14.4 | 0.71 | 0.62 |
| | B4 | 49.5 | 42→82 | 11.1 | 0.75 | 0.94 |

注：① 该试验结果引自张禹《砂浆稠度变化对湿拌砂浆性能的影响》；
　　② 序号 A4、B4 的稠度 42 mm 为停放 49.5 h 的稠度，经加水重塑后的试验结果。

表 2-33　砂浆稠度变化对强度的影响(二)

| 存放时间/h | 0 h | 1 h | 2 h | 3 h | 4 h | 5 h | 6 h | 7 h | 8 h | 9 h |
|---|---|---|---|---|---|---|---|---|---|---|
| 稠度/mm | 83 | 85 | 88 | 85 | 90 | 85 | 78 | 80 | 78 | 73 |
| 抗压强度/MPa | 6.12 | 5.41 | 6.55 | 5.96 | 5.49 | 6.50 | 4.76 | 5.08 | 4.73 | |
| 相对强度(%) | 100 | 88 | 107 | 97 | 90 | 106 | 77 | 84 | 83 | 77 |

注：① 该试验结果引自毛永琳等《砂浆稠度经时损失与抗压强度经时损失相关性研究》；
　　② 试验砂浆采用干混砂浆(干粉物料为胶凝材料、砂、粉状砂浆塑化剂)。

表 2-34　砂浆稠度变化对强度的影响(三)

| 编号 | 保水率(%) | 存放时间/h | 稠度/mm | 28 d 抗压强度/MPa |
|---|---|---|---|---|
| Q1 | 89.5 | 0 | 96 | 7.9 |
| Q2 | 89.5 | 4 | 77 | 7.3 |
| Q3 | 89.5 | 5 | 62 | 8.2 |
| Q4 | 89.5 | 7.3 | 46 | 7.8 |
| Q5 | 89.5 | 7.3 | 98(重塑) | 5.5 |

注：① 该试验结果引自王莹等《预拌砂浆的存放时间对砂浆性能的影响》；
　　② 试验砂浆采用干拌砂浆(干粉物料水泥、粉煤灰、砂、稠化粉及其他添加料)。

（3）掺入缓凝剂与引气剂的湿拌砂浆，随砂浆稠度的降低，砂浆强度也有所降低，但在一定的存放时间内变化不大。

（4）砂浆经存放一段时间后，由于施工需要二次加水拌和（重塑），砂浆抗压强度损失往往会超过 30％以上。

鉴于上述结论，预拌砂浆在工程中使用时，应在砂浆稠度基本不变化的时间内使用完毕，不能因为砂浆可以重塑达到施工对稠度的要求而放松要求，为此必须加强管理。

砂浆拌制后到使用完毕，必然有一个时间间隔，其稠度也相应减小。为砌筑需要，瓦工往往会对灰槽内存放的砂浆另外加水拌和，以增大砂浆稠度。这种操作是允许的，但对砂浆拌和后的时间有所限制。例如，美国砌体结构规范（TMS 602—08/ACT530.1—08/ASCE 6—08）规定，可通过重新搅拌混合保持砂浆的工作性；应丢弃初次混合 90 min 内使用未完的砂浆和开始变硬的砂浆。因此，对砂浆重塑应有一个限制条件，该限制条件可按砂浆抗压强度降低不超过 10％考虑。在此条件下，按照《砌体结构设计规范》（GB 50003—2010）附录中各类砌体强度平均值的公式计算，砌筑砂浆抗压强度降低 10％时，各类砌体强度值降低幅度为 1.5％～5.1％。砌筑砂浆强度对砌体强度的影响见表 2-35。

表 2-35　砌筑砂浆强度对砌对强度的影响系数

| 砂浆强度 $f_2$ | 抗压强度 $f_m$ | | | | | 轴拉强度 $f_{t,m}$ | 弯拉强度 $f_{tm,m}$ | 抗剪强度 $f_{v,m}$ |
| --- | --- | --- | --- | --- | --- | --- | --- | --- |
| | M15 | M10 | M7.5 | M5 | M2.5 | | | |
| $0.90f_2$ | 0.949 | 0.949 | 0.966 | 0.974 | 0.985 | 0.949 | 0.949 | 0.949 |

## 5. 养护时间与温湿度

砂浆与砖砌成的砌体，要经过一段时间的养护才能获得强度。在养护期间要有一定的温度才能使水泥硬化。养护时间、温度和砂浆强度的关系详见表 2-29、表 2-30。

养护时还应有一定的湿度。干燥和高温容易使砂浆脱水，特别是水泥砂浆，由于水泥不能充分水化，等于在砂浆中少加了水泥，不仅影响早期强度，而且影响砂浆的终基强度。所以在干燥和高温的条件下，除了应充分拌均砂浆和对砖充分浇水润湿外，还应对砌体适时浇水养护，以保证砂浆不至因脱水而降低强度。

# 四、砌筑砂浆抗压强度现场检测

## 1. 砌筑砂浆抗压试验检测

砌筑砂浆强度直接影响承重墙的工程质量,是砌体工程的保证项目之一。在施工期间如果管理不善,会出现砂浆试块漏做或遗失,造成砂浆强度资料不全,也会出现砂浆试块受损,使其强度比实际强度偏低,甚至出现试块作假,造成砂浆强度明显高于实际强度,以及砂浆试块超龄期等现象。《砌体结构工程施工质量验收规范》(GB 50203—2011)中规定当施工中或验收时出现下列情况,可采用现场检验方法对砂浆和砌体强度进行原位检测或取样检测,并判定其强度。

1) 砂浆试块缺乏代表性或试块数量不足。

2) 对砂浆试块的试验结果有怀疑或有争议。

3) 砂浆试块的试验结果,不能满足设计要求。

4) 对现场砌体砂浆强度有怀疑或有争议。

目前现场检验砌筑砂浆强度主要采用推出法、筒压法、砂浆片剪切法、砂浆、回弹法、点荷法、贯入法等方法。其中回弹法、贯入法属于非破损检测,砂浆筒压法属于取样检测,仅需利用一般建材检测机构的常用设备就可以完成,并且取样部位局部损伤,因此在上海地区被广泛应用。

砂浆筒压法适用于推定烧结普通砖墙中的砌筑砂浆强度;砂浆回弹法、贯入法适用于推定烧结普通砖墙、蒸压混凝土加气砌块、普通混凝土小型空心砌块中的商品砌体砂浆强度,不适用于推定遭受火灾、化学侵蚀等砌筑砂浆的强度。

## 2. 抽样要求

1) 筒压法。

(1) 取样批量。

当检测对象为整栋建筑物或建筑物的一部分,应将其划分为一个或若干个可以独立进行分析的结构单元,每一结构单元划分为若干个检测单元。

(2) 试样数量。

在每一检测单元内位随机选择 6 个构件(单片墙体、柱)作为 6 个测区,当一个检测单元不足 6 个构件时,应将每个构件为 1 个测区,在每 1 测区位随机布置若干测点,且不少于 1 个。

(3) 取样方法。

在每一测区内,从距墙表面 20 mm 以内的水平灰缝中凿取砂浆约 4 000 g,

砂浆片、块的最小厚度不得小于 5 mm。每个测区的砂浆样品应分别放置并编号,不得混淆。

2）贯入法。

（1）取样批量。

按批抽样检测:应取相同生产工艺条件下,同一楼层,同一品种,同一强度等级,砂浆原材料、配合比、养护条件基本一致,龄期相近,且总量不超过 250 m³ 砌体的砌筑砂浆为同一检验批。

（2）试样数量。

不应少于同批砌体构件总数的 30％,且不应少于 6 个构件,基础砌体可按一个楼层计。

（3）取样方法。

每一构件应测试 16 点,测点应均匀分布在构件的水平灰缝上。对于烧结砖,同一水平灰缝中测点数不宜多于 2 点,对于普通混凝土小型空心砌块和蒸压加气混凝土砌块,同一水平灰缝中测点数不宜多于 4 点。相邻测点水平间距不宜小于砌块中块体的长度。

3）回弹法。

（1）取样批量。

同贯入法。

（2）试样数量。

同贯入法。

（3）取样方法。

① 每一构件测区数不应少于 5 个。对尺寸较小的构件,测区数量可适当减少。

② 测区应均匀分布,不同测区不应分布在构件同一水平面和垂直面内,每个测区的面积宜大于 0.3 m²。

③ 每个测区内测试 12 个点。选定的测点应均匀分布在砌体的水平灰缝上,同一测区每条灰缝上测点不宜多于 3 点。相邻两弹击点的间距不应小于 100 mm。

## 3. 技术要求

1）当砌筑砂浆抗压强度经检测后,得出砌筑砂浆强度推定值。

2）砌筑砂浆强度推定值为通过测强曲线得到的砂浆抗压强度值,相当于被测构件在该龄期下同条件养护的边长为 70.7 mm 的一组立方体试块的抗压强度平均值。

## 4. 检测报告及不合格处理

1）检测报告应包含的内容。

（1）工程名称和设计、施工、建设、监理、委托单位名称；

（2）结构或构件检测原因；

（3）检测和报告日期；

（4）被测结构或构件名称，砌筑砂浆的设计强度等级、成型日期和品种；

（5）结构或构件砌筑砂浆抗压强度推定值，如按批评定还应给出抗压强度平均值、最小值、标准差和变异系数；

（6）检测人、审核人和批准人签名及相关报告章。

2）不合格处理。

（1）经检测后得到的砌筑砂浆强度推定值应交原设计单位进行核算，并确认其是否满足砌体结构安全和使用功能。

（2）经原设计单位核算，达到设计要求的检验批应予以验收。

（3）经核算达不到设计要求的，但经原设计单位确认仍可满足结构安全和使用功能的检验批，可予以验收。

（4）经核算达不到设计要求的，经返修或加固处理能够满足结构安全使用要求的分项工程，可根据技术处理方案和协商文件进行验收。

# 第三部分 施工测量与放线

## 一、测量放线的仪器及工具

### 1. 水准仪与经纬仪

1）水准仪。

水准仪，见图 3-1。

（1）用途。

水准仪主要由望远镜、水准器和基座三个主要部分组成，是为水准测量提供水平视线和对水准标尺进行读数的一种仪器。

水准仪的主要功能是测量两点间的高差 $h$，它不能直接测量待定点的高程 $H$，但可由控制点的已知高程推算测点的高程。另外，利用视距测量原理，它还可以测量两点间的水平距离 $D$。

图 3-1 自动安平水准仪

（2）精度等级。

水准仪的精度等级划分见表 3-1。

表 3-1 常用水准仪系列及精度

| 型 号 | DS$_{05}$ | DS$_1$ | DS$_3$ | DS$_{10}$ |
|---|---|---|---|---|
| 每千米往返测高差中数的中误差/mm | 0.5 | 1 | 3 | 10 |

表 3-1 中，D 和 S 分别代表"大地"和"水准仪"汉语拼音的第一个字母，05、1、3、10 是表示该类仪器的精度，即每千米往、返测得高差中数的中误差（以毫米计），通常在书写时省略字母 D。S$_{05}$ 型和 S$_1$ 型水准仪称为精密水准仪，用于国家一、二等水准测量及其他精密水准测量；S$_3$ 型水准仪称为普通水准仪，用于国家三、四等水准测量及一般工程水准测量。

（3）校正。

仪器出厂前，各几何轴线位置已经充分校正，但出厂后经过运输或长期使用几何轴线可能失去正确位置，在外业施测前应对主要几何轴线进行检查和校正。

具体包括：

① 圆水准器轴平行于竖轴的检校；

② 望远镜视准轴水平的检校（$i$ 角的检校）；

③ 补偿器警告指示窗亮线位置的检校。

（4）标准依据。

《水准仪》（GB/T 10156—2009）。

（5）校准周期。

水准仪属于强检设备，校准周期一般为 1 年。

2）水准尺。

水准尺又称水准标尺。有的尺上装有圆水准器或水准管，以便检验立尺时，尺身是否垂直（这是水准测量的基本要求）。一般常用的水准尺有两种。

（1）塔尺。

塔尺多是由三节组合的空心木尺组成。每节由下至上逐级缩小，不用时可逐节缩进，以便携带或存放，使用时再逐节拉出。各节拉出后，在接合处用弹簧卡口卡住，使用时，要检查卡口弹簧是否卡好，在使用过程中也要经常注意检查，以免尺长产生变动，引起测量结果错误。塔尺的总长一般为 4～5 m，如图 3-2a 所示，可用于精度要求不甚高的水准测量。

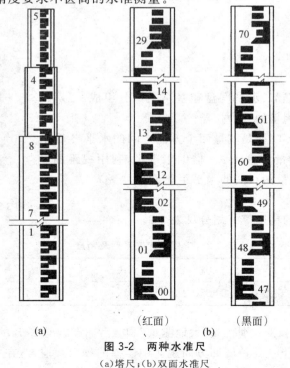

（红面）　　　　（黑面）

（a）　　　　　　　（b）

图 3-2　两种水准尺

（a）塔尺；（b）双面水准尺

（2）双面水准尺。

双面水准尺为木制板条状直尺，两面都有刻画尺度，如图 3-1b 所示。全长多为 3～4 m。

塔尺或双面水准尺，尺面刻画有黑白相间或红白相间的小格，每格为 5 mm（见图 3-1a）或 1 cm（见图 3-1b）。在每一分米处标注尺度数字，从 1 m 起至 2 m 间的分米数上方加一个圆点，2～3 m 间的分米数上方加两个圆点，以此类推。例如，5 为 1.5 m，7 为 3.7 m。数字注记又有正写和倒写两种。因测量仪器的望远镜成像多为倒像，故倒写的数字在望远镜中读起来变成正像，方便而且不易出差错。

双面水准尺的两个尺面都有刻画。一面为黑色，称为"主尺"，也称为"黑尺"；另一面为红色，称为"副尺"，也称为"红尺"。

塔尺的底部和双面尺的黑尺面底部均为尺的零点；红尺面底部一只为 4.687 m，另一只为 4.787 m，故双面水准尺由两只尺面刻画不同的尺配成一套，供读尺时检核有无差错之用。测量时，先用黑尺面，再在同一测点上反转尺面，用红尺面读数，如两次读数结果之差为（4.687±0.003）m 或（4.787±0.00 3）m，表示读数无错误。否则，应立即重测。

因木质水准尺易变形，使用时间长易朽坏，故现在多改为铝合金尺，既轻便又耐用。

3）经纬仪。

经纬仪见图 3-3。

（1）用途。

经纬仪由照准部、水平度盘和基座三部分组成，是对水平角和竖直进行测量的一种仪器。

经纬仪的主要功能是测量两个方向之间的水平夹角 $\beta$；其次，它还可以测量竖直角 $\alpha$。借助水准尺，利用视距测量原理，它还可以测量两点间的水平距离 $D$ 和高差 $h$。

（2）精度等级。

光学经纬仪的精度等级划分见表 3-2。

图 3-3 激光经纬仪

表 3-2 常用经纬仪系列及精度

| 型　　号 | DJ$_{07}$ | DJ$_1$ | DJ$_2$ | DJ$_6$ |
|---|---|---|---|---|
| 一测回方向观测中误差 | 0.7″ | 1″ | 2″ | 6″ |

表 3-2 中，D 和 J 分别代表"大地测量"和"经纬仪"汉语拼音的第一个字母，07、1、2、6 表示该类仪器一测回方向观测中误差的秒数。通常，在书写时省略字

母 D。J$_{07}$、J$_1$ 和 J$_2$ 型经纬仪属于精密经纬仪,J$_6$ 型经纬仪属于普通经纬仪。在建筑工程中,常用 J$_2$ 和 J$_6$ 型光学经纬仪。

（3）仪器的校正。

仪器经运输震动及使用后,应对仪器进行调整。具体包括:

① 指标差的校正。

② 激光的同焦调整。

③ 激光的同轴校正。

（4）校准依据。

《光学经纬仪》（JJG 414—2011）。

（5）校准周期。

经纬仪属于强检设备,校准周期一般为 1 年。

## 2. 其他测量放线工具

1）钢卷尺。

钢卷尺,见图 3-4。

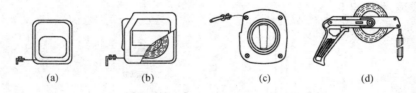

图 3-4　钢卷尺

(a)A 型(自卷式);(b)B 型(自卷制动式);(c)C 型(摇卷盒式);(d)D 型(摇卷架式)

（1）用途。

钢卷尺用来测量物件尺寸及允许偏差,如:轴线位置偏移允许偏差,门窗洞口高、宽允许偏差,钢构件组装、拼装允许偏差,钢结构安装允许偏差。

（2）规格。

钢卷尺规格,见表 3-3。

表 3-3　钢卷尺规格

| 品种 | 自卷式、制动式 | 摇卷盒式、摇卷架式 |
|---|---|---|
| 常用规格<br>（测量上限）/m | 1、2、3、3.5、5 | 5、10、15、20、30、50、100 |

（3）使用方法。

① 测量时,尺带拉出刻度向上,并与尺口平行。使用时不得超过钢卷尺测

量上限长度。

② 尺带在测量时切勿折弯,并避免与工件摩擦,以免造成折断或刻线模糊和划伤。

③ 使用自动式卷尺时,按自动按钮,控制自动收回,不能用手强行向盒内送尺带,尺带收卷时应控制收卷速度以免划伤手指或伤害皮肤。

④ 使用摇卷式钢卷尺时,测量完一段或结束,须将尺带抬高地面,不得将钢卷尺拖地而行,以保持尺面刻度的清晰。

⑤ 测量较长距离时,尺带容易打结扭曲,因此尺带必须理顺,以免造成塑性变形。

⑥ 经常保持尺盒、尺带清洁,防止受潮、生锈。

(4) 校准依据。

《钢卷尺》(QB/T 2443—2011)。

(5) 校准周期。

校准周期:1 年。

2) 线锤。

线锤,见图 3-5。

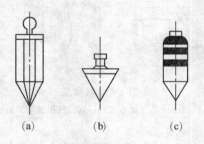

图 3-5 线锤

(a)棱柱形线锤;(b)圆锥形线锤;(c)圆柱形线锤

(1) 用途。

供测量时吊垂直基准线用。

(2) 规格。

线锤规格,见表 3-4。

表 3-4 线锤规格

| 材料 | 重量/kg |
|---|---|
| 铜质 | 0.0125、0.025、0.05、0.1、0.15、0.2、0.25、0.3、0.4、0.5、0.6、0.75、1、1.5 |
| 钢质 | 0.1、0.15、0.2、0.25、0.3、0.4、0.5、0.75、1、1.25、2、2.5 |

（3）使用方法。

① 线锤圆锥尖与顶帽轴线应在一个同心轴上，表面清洁，螺纹连接可靠，线锤镀层无脱落缺陷。

② 使用时注意保护锤体圆锥尖，切勿磨钝或碰歪，以免影响测量基准的准确度。

③ 经常检查线锤垂直悬吊线绳是否牢固，顶帽是否松动脱扣，以免落地砸脚或圆锥尖刺伤脚面。

④ 圆柱体线锤分整体基准尖和活络基准尖两种，当使用活络基准尖时可将顶尖由圆柱体旋出，用完将活络基准尖旋回圆柱体内，以免顶尖损坏影响基准度。

（4）校准依据。

生产厂家或施工企业标准。

（5）校准周期。

校准周期：半年。

3）靠尺。

2 m 靠尺，见图 3-6。

（1）用途。

靠尺主要用于平面平整度的检测。为 2 m 折叠式铝合金制作，仪表为机械指针式。

（2）使用方法。

① 用靠尺和楔形塞尺检查墙、柱表面平整度时，要双手拿靠尺，手臂平举伸直，靠到墙面上后扶稳，然后用楔形塞尺垂直地塞入最大缝隙处，楔形塞尺要塞实后再读偏差值。

图 3-6 靠尺

② 地面、操作平台等表面平整度可用 2 m 靠尺和楔形塞尺配合检查。检查时，将靠尺平稳地放在地面或平台上，然后用楔形塞尺塞入最大缝隙处，塞实后塞尺上的读数就是地面或平台表面平整度的偏差值。

③ 校准依据。

a. 生产厂家或施工企业标准。

b.《建筑工程质量检测器组校准规范》(JJF 1110—2003)。

（4）校准周期。

校准周期：复校时间间隔不超过 6 个月。

4）塞尺。

塞尺，见图 3-7。

（1）用途。

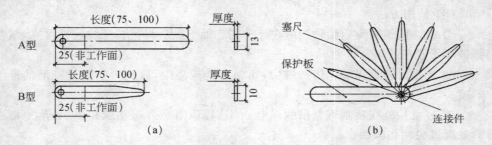

图 3-7 塞尺
(a)单片塞尺;(b)成组的塞尺

塞尺用来测量或检验两平行面间的空隙。

(2) 规格。

塞尺的宽度尺寸系列见表 3-5,成组塞尺的片数、塞尺长度及组装顺序见表 3-6。

表 3-5 塞尺的宽度尺寸系列

| 厚度尺寸系列/mm | 间隔/mm | 数量 |
|---|---|---|
| 0.02、0.03、0.04、…、0.10 | 0.01 | 9 |
| 0.15、0.20、0.25、…、1.00 | 0.05 | 18 |

表 3-6 成组塞尺的片数、塞尺长度及组装顺序

| 成组塞尺的片数 | 塞尺的长度/mm | 塞尺厚度尺寸及组装顺序/mm |
|---|---|---|
| 13 | 100、150、200、300 | 0.10、0.02、0.02、0.03、0.03、0.04、0.04、0.05、0.05、0.06、0.07、0.08、0.09 |
| 14 | 100、150、200、300 | 1.00、0.05、0.06、0.07、0.08、0.09、0.10、0.15、0.20、0.25、0.30、0.40、0.50、0.75 |
| 17 | | 0.50、0.02、0.03、0.04、0.05、0.06、0.07、0.08、0.09、0.10、0.15、0.20、0.25、0.30、0.35、0.40、0.45 |
| 20 | | 1.00、0.05、0.10、0.15、0.20、0.25、0.30、0.35、0.40、0.45、0.50、0.55、0.60、0.65、0.70、0.75、0.80、0.85、0.90、0.95 |
| 21 | | 0.50、0.02、0.02、0.03、0.03、0.04、0.04、0.05、0.05、0.06、0.07、0.08、0.09、0.10、0.15、0.20、0.25、0.30、0.35、0.40、0.45 |

（3）使用方法。

在使用塞尺时，采用试测法。首先用目力判断被测间隙的大小，然后选用厚的尺片（或者多片拼起来）去塞，如果塞不进去，或者进去太松了，则换一片（或者去掉一片或两片）再塞，一直试到恰好能塞进去，不松也不紧，此厚度尺寸即为被测间隙大小。不允许硬插，也不允许测量温度较高的零件。

使用前必须先清除塞尺和工件上的污垢与灰尘。使用时，应尽量避免与被测表面的摩擦，提高塞尺的使用寿命和精度。使用后应擦拭干净，以备下次使用。

（4）校准依据。

①《塞尺》（GB/T 22523—2008）。

②《塞尺检定规程》（JJG 62—2007）。

（5）校准周期。

塞尺的检定周期应根据具体使用情况确定，一般不超过半年。

5）楔形塞尺。

楔形塞尺，见图 3-8。

（1）用途。

楔形塞尺用于检查物件表面平整度与垂直度允许偏差。

（2）规格。

用合金材料制成，呈直角梯形，斜边坡度为 1：10，读数精度为 0.1 mm。规格为 150 mm× 15 mm×17 mm～15 mm×0.5 mm×3 mm。

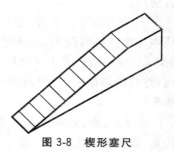

图 3-8　楔形塞尺

（3）使用方法。

使用前必须先清除塞尺和工件上的污垢与灰尘，使用时，托线板一侧紧贴于物件表面上，由于物件表面本身的平整度不够，必然与托线板产生一定的缝隙，用塞尺轻轻塞进缝隙，塞进的格数就表示物件表面偏差的数值。使用后应擦拭干净，以备下次使用。

（4）校准依据。

① 生产厂家或施工企业标准。

②《建筑工程质量检测器组校准规范》（JJF 1110—2003）。

（5）校准周期。

校准周期：复校时间间隔不超过 6 个月。

6）水平尺。

木水平尺，见图 3-9。

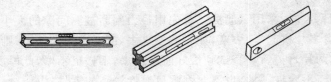

图 3-9　木水平尺

(1) 用途。

水平尺用来检查物件表面的平整度。

(2) 规格。

长度：150 mm、200 mm、250 mm、300 mm、350 mm、400 mm、450 mm、500 mm、550 mm、600 mm。

(3) 使用方法。

① 测量时应轻拿轻放，不得碰撞，也不得在被测面上拖来拖去，更不可作工具使用。

② 条形水平尺的水准管应安装牢固，管壁外表的两道刻线必须清楚，在刻线中应涂以鲜明颜色，水准管气泡移动灵活可靠。

③ 使用前应对水平尺进行目测校验。水平尺放在水平位置上气泡移至中间，然后原位颠倒，气泡仍然在中间，两次校验气泡位置彼此相同，确认为合格的水平尺。

④ 测量前，必须将水平尺工作面和被测工作面认真擦拭干净，不许有灰屑污物，以免影响测量精确度。

⑤ 被水平尺检查部位必须是加工面，在检查设备立面垂直度时水平尺要平贴紧靠设备立面。

⑥ 水平尺在测量时应轻拿轻放，当敲打设备垫铁或撬动设备调整水平时，应将水平尺拿下来，以免剧烈受振，振坏水准玻璃管。

⑦ 使用完毕应擦拭干净，存放在工具箱内，不得与其他工具堆在一起。

(4) 校准依据。

《水平尺校准规范》(JJF 1085—2002)。

(5) 校准周期。

校准周期：半年。

7) 准线。

准线是砌墙时拉的细线，用于检测墙体水平灰缝的平直度。

8) 百格网。

百格网用于检查砖墙砂浆的饱满度。一般用钢丝编制锡焊而成，也可以在有机玻璃上画格而成。网格总面积为 240 mm×115 mm，长、宽方向各切分为

10 格,共 100 个格子,如图 3-10 所示。

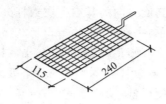

图 3-10　百格网

9) 方尺。

方尺是用木材或铝合金制成的边长为 200 mm 的直角尺。方尺有阴角和阳角两种,用于检查砌体转角处阴阳角的方正程度,如图 3-11 所示。

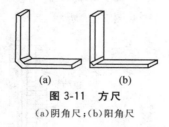

图 3-11　方尺

(a)阴角尺;(b)阳角尺

10) 龙门板。

龙门板是在房屋定位放线后,砌筑时定轴线、中心线的标准(图 3-12)。施工定位时一般要求板面的高程即为建筑物的相对标高±0.000。在板上划出轴线位置,以画"中"字示意,板顶面还要钉一根 20~25 mm 长的钉子。当在两小相对的龙门板之间拉上准线,则该线就表示为建筑物的轴线。有的在"中"字的两侧还分别划出墙身宽度位置线和大放脚排底宽度位置线,以便于操作人员检查核对。施工中严禁碰撞和踩踏龙门板,也不允许坐人。建筑物基础施工完毕后,把轴线标高等标志引测到基础墙上后,方可拆除龙门板、桩。

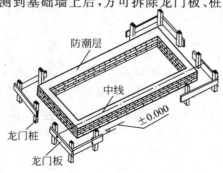

图 3-12　龙门板

11）皮数杆。

皮数杆是砌筑砌体在高度方向的基准。皮数杆分为基础用和地上用两种。

基础用皮数杆比较简单，一般使用 30 mm×30 mm 的小木杆，由现场施工员绘制。一般在进行条形基础施工时，先在要立皮数杆的地方预埋一根小木桩，到砌筑基础墙时，将画好的皮数杆钉到小木桩上。皮数杆顶应高出防潮层的位置，杆上要画出砖皮数、地圈梁、防潮层等的位置，并标出高度和厚度。皮数杆上的砖层还要按顺序编号。画到防潮层底的标高处，砖层必须是整皮数。如果条形基础垫层表面不平，可以在一开始砌砖时就用细石混凝土找平。

±0.000 以上的皮数杆也称为大皮数杆。一般由施工人员经计算排画，经质量人员检验合格后方可使用。皮数杆的设置，要根据房屋大小和平面复杂程度而定，一般要求转角处和施工段分界处设立皮数杆。当为一道通长的墙身时，皮数杆的间距要求不大于 20m。如果房屋构造比较复杂，皮数杆应该编号，并对号入座。皮数杆四个面的画法见图 3-13 所示。

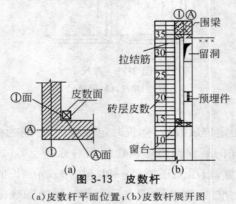

图 3-13 皮数杆

（a）皮数杆平面位置；（b）皮数杆展开图

# 二、水准仪的应用

## 1. 水准仪的操作程序

1）安置仪器。

（1）打开三脚架，松开脚架螺旋，使三脚架高度适中（根据身高），旋紧脚架伸缩腿螺旋，将脚架放在测站位置上（距前、后立尺点大概等距离位置）。

（2）三个架腿之间角度最好在 25°～30°，目估使架头水平，将三个架腿踩实，如遇水泥地面，可放在水泥地面的缝隙中使其固定。

（3）打开仪器箱，取出水准仪，置于三脚架头上，并用中心连接螺旋把水准仪与三脚架头固连在一起，关好仪器箱。

2）粗平。

粗平是调整脚螺旋使圆水准器气泡居中，以便达到仪器竖轴大致铅直，使仪器粗略水平。具体操作如下：

（1）如图 3-14a 所示，气泡未居中而位于 $a$ 处。首先按图上箭头所指方向，两手相对转动脚螺旋①、②，使气泡移到通过水准器零点作①、②脚螺旋连线的垂线上，如图中垂直的虚线位置。

（2）用左手转动脚螺旋③，使气泡居中，如图 3-14b 所示。

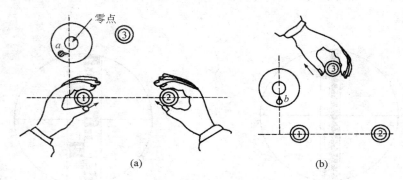

(a)                              (b)

**图 3-14　圆水准气泡整平过程**

(a)整平第一步示意图；(b)整平第二步示意图

（3）反复交替调整脚螺旋①、②和脚螺旋③，确认气泡是否居中。

掌握规律：左手大拇指移动方向与气泡移动方向一致。

对于图 3-15 气泡偏歪情况，第一步也可先旋转脚螺旋①，使气泡以移到 $b$ 处，如图 3-15 所示，即位于通过刻划圈中心与脚螺旋②、③连线的平行线的位置（图中虚线位置）。第二步再用两手转脚螺旋②、③，使气泡居中，反复操作，使气泡完全居中。

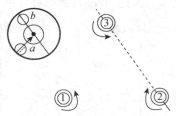

**图 3-15　气泡偏歪**

3）瞄准。

（1）目镜调焦。

把望远镜对准明亮天空或白墙，转动目镜对光螺旋，使十字丝清晰。

（2）粗略瞄准。

松开望远镜制动螺旋，转动望远镜，通过望远镜上的照门、准星瞄准目标（三点成一线）后，旋紧制动螺旋。

（3）准确瞄准。

调整物镜对光螺旋，看清目标。调整水平方向微动螺旋，使十字丝纵丝平分地面点位上所立水准尺的尺面，如图 3-16 所示，或使纵丝与尺的某个边重合，如图 3-17 所示，达到准确瞄准目标。如果目标不清晰，应转动物镜对光螺旋，使目标清晰。

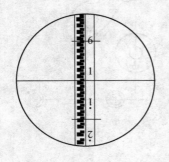 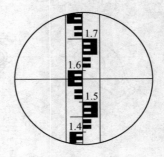

图 3-16　正字尺读数　　　　　　　图 3-17　倒字尺读数

（4）消除视差。

当眼睛在目镜端上下移动时，目标也随之移动，这是因为目标的成像平面与十字丝平面有相对移动，如图 3-18 所示，这种现象称为视差。产生视差的原因是因为目标成像平面与十字丝平面不重合。由于视差的存在，不能获得正确读数，如图 3-18b 所示，当人眼位于目镜端中间时，十字丝交点读得读数为 $a$；当眼略向上移动，读得读数为 $b$；当眼睛略向下移动，读得读数为 $c$。只有在图 3-18c 的情况下，眼睛上下移动，读得读数均为 $a$。因此，瞄准目标时存在的视差必须消除。

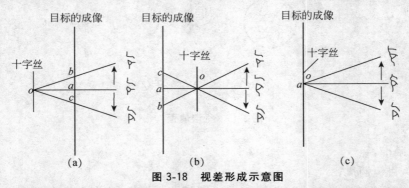

图 3-18　视差形成示意图

（a）目标成像与十字丝面不重合；（b）目标成像与十字丝面不重合；（c）目标成像与十字丝面重合

　　消除视差的方法：调整目镜对光螺旋使十字丝清晰，瞄准目标后，反复调整物镜对光螺旋，同时眼睛上下移动观察目标成像是否达到稳定，也就是说读数是否在变化，如果不发生变化，此时目标的成像平面与十字丝平面相重合，这时读取的读数才是正确的读数。

　　如果换另一人观测，由于每个人眼睛的视觉不同，需要重新略调一下目镜对光螺旋，使十字丝清晰，一般情况是目镜对光螺旋调好后，在消除视差时不需要反复调整。

　　4）精密整平。

　　眼睛通过目镜左上方的符合气泡观察窗看水准管气泡，若气泡不居中，如图3-19b、c所示，则用右手转动微倾螺旋，使气泡两端的影像吻合，如图3-19a所示，即表示水准仪的视准轴已精密整平。

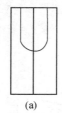

(a)　　　　　　　　(b)　　　　　　　　(c)

**图 3-19　整平**

（a）整平；（b）未整平；（c）未整平

　　5）读数。

　　水准仪望远镜成像有正像和倒像之分，目前根据国家有关技术标准规定，生产和销售的水准仪应成正像。因此，通过正像望远镜读数时应与直接从水准尺上读数方法相同，即自上而下进行。如图3-20所示。图3-20a读数为1.708m，图3-20b读数为2.625m。

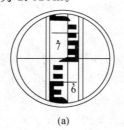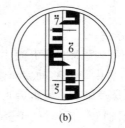

(a)　　　　　　　　　　　(b)

**图 3-20　读尺**

（a）1.708 m；（b）2.625 m

**2. 水准仪的检验与校正**

1) 圆水准器轴的检验与校正。

检验圆水准器轴是否平行于仪器的竖轴。如果是平行的,当圆水准器气泡居中时,仪器的竖轴就处于铅垂位置。

(1) 检验方法。

首先用脚螺旋使圆水准器气泡居中,此时圆水准器轴($L'L'$)处于竖直的位置。将仪器绕仪器竖轴旋转180°,圆水准气泡如果仍然居中,说明 $VV$ 平行于 $L'L'$ 条件满足。若将仪器绕竖轴旋转180°,气泡不居中,则说明仪器竖轴 $VV$ 与 $L'L'$ 不平行。在图 3-21a 中,如果两轴线交角为 $\alpha$,此时竖轴 $VV$ 与铅垂线偏差也为 $\alpha$ 角。当仪器绕竖轴旋转180°后,此时圆水准器轴 $L'L'$ 与铅垂线的偏差变为 $2\alpha$,即气泡偏离格值为 $2\alpha$,实际误差仅为 $\alpha$,如图 3-21b 所示。

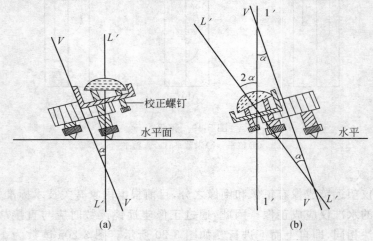

**图 3-21 圆水准器轴的检验**

(a)气泡居中;(b)照准部旋转 180°

(2) 校正方法。

首先稍松位于圆水准器下面中间的固紧螺钉,然后调整其周围的 3 个校正螺钉,使气泡向居中位置移动偏离量的一半,如图 3-22a 所示。此时圆水准器轴 $L'L'$ 平行于仪器竖轴 $VV$。然后再用脚螺旋整平,使圆水准器气泡居中,竖轴 $VV$ 与圆水准器轴 $L'L'$ 同时处于竖直位置,如图 3-22b 所示。

校正工作一般需反复进行,直至仪器转到任何位置气泡均为居中为止。最后应旋紧固定螺钉。

2) 十字丝的检验与校正。

(1) 当仪器竖轴处于铅垂位置时,十字丝横丝应垂直于仪器的竖轴,此时横

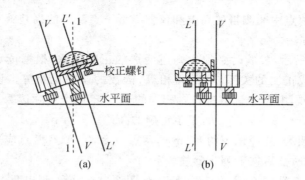

图 3-22　圆水准器轴的校正

(a)校正第一步;(b)校正第二步

线是水平的,这样,在横丝的任何部位读数都是一致的。否则,如果横丝不水平,在不同的部位将会得到不同的读数。

(2)检验方法。

首先将仪器安置好,用十字丝横丝对准一个清晰的点状目标 $P$,如图 3-23a 所示。然后固定制动螺旋,转动水平微动螺旋。如果目标点 $P$ 沿横丝移动,如图 3-23b 所示,则说明横丝垂直于仪器竖轴 $VV$,不需要校正。如果目标点 $P$ 偏离横丝,如图 3-23c、图 2-23d 所示,则需校正。

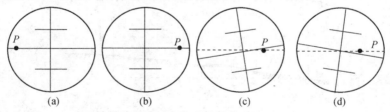

图 3-23　十字丝的检验

(a)对准;(b)横丝垂直于仪器竖轴;(c)左偏离;(d)右偏离

(3)校正方法。

校正方法按十字丝分划板装置形式不同而异。有的仪器可直接用螺丝刀松开分划板座相邻的两颗固定螺钉,转动分划板座,改正偏离量的一半,即满足条件。有的仪器必须卸下目镜处的外罩,再用螺钉旋具松开分划板座的固定螺丝,拨正分划板座。

3)长水准管轴平行于视准轴的检验和校正。

如果长水准管轴平行于视准轴,则当水准管气泡居中时,视准轴是水平的。假如水准管轴和视准轴不平行,当水准管轴在水平方向时,视准轴却在倾斜方向,测量时读数就会出现误差。尺子离仪器的距离越远,读数误差就越大。所以把仪器安置在两点中间测得的高差和仪器靠近一点测得的高差就不会相同。

（1）检验方法。

如图 3-24 所示,校验时必须先知道两点的正确误差,根据读数误差和尺子离仪器的距离成正比的关系,若距离相等,读数的误差也相等。设仪器安置在 $A$、$B$ 等距离处观测,两个读数都包含相同的误差 $x$,两个实际读数 $a-x$、$b+x$ 的差,即 $a+x-(b+x)=a-b=h$,等于正确的高差。

检验的步骤为:选择相距约 80 m 的两点 $A$ 和 $B$,$A$、$B$ 两点应选在坚实地面上且高差不大处,然后按下列步骤检验。

① 将仪器安置在 $A$、$B$ 两点的中点,如图 3-24a 所示,测出两点的正确高差,$h=a_1-b_1$;

② 将仪器移近 $A$ 尺(或 $B$ 尺)处,如图 3-24b 所示,使目镜距尺 1~2 m,观测近尺读数 $a_2$,计算当视准轴水平时远尺正确读数 $b_2=a_2-h$,调节微倾螺钉,使目镜中的十字横丝对准 $B$ 尺上 $b_2$ 读数,这时视准轴就处于水平位置,此时如果水准管气泡居中,则说明两轴是平行的,否则应进行校正。

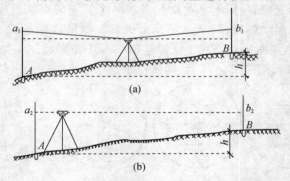

**图 3-24　长水准管轴与视准轴相平行的检验**
(a)安置仪器,测量正确高差;(b)校验仪器

（2）校正方法。

当十字横丝对准 $B$ 尺上正确读数 $b_2$ 时,视准轴已处于水平位置,但水准管气泡偏离中央,说明水准管不水平。拨动水准管的校正螺钉,使气泡居中,这样水准管轴也处于水平,从而达到水准管轴平行于视准轴的条件。校正时,注意拨动上下两个校正螺丝,先松一个,后紧一个,直到水泡居中,如图3-25所示。

以上三项水准仪的检验与校正,次序不能颠倒,每项内容都要认真并且反复几次,才能达到满意效果。

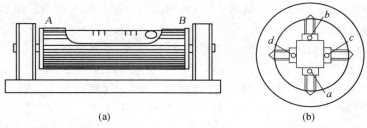

图 3-25　水准管轴与视准轴平行的校正
(a)水准管轴;(b)校正螺丝

# 三、经纬仪的应用

## 1. 仪器的安置

1) 支三脚架。

支三脚架的方法与支水准仪的操作相同,但需注意三脚架中心必须对准下面测点桩位的中心,以便对中时容易找正。

2) 安仪器。

将经纬仪从仪器箱中取出,托起安放到三脚架上,然后用三脚架的固定螺旋拧牢,并在螺旋下端小钩上挂好线锤,使锤尖与桩中心大致对中,并将三脚架尖踩入土中固定,不再移动。

3) 调平。

定平的目的是使水平度盘处于水平位置。它的定平方法和水准仪一样,只不过没有水准仪要求那么精确,只要在各个方向水准管的气泡均基本居中,就认为定平完毕。

4) 对中。

对中的目的是要将经纬仪水平度盘的中心安置在桩点的铅垂线上。对中时根据线锤偏离桩点中心的程度来移动仪器,偏得少的(如 10～20 mm),可以松开固定螺钉移动上部仪器对中;如果偏离太大,必须重新移动三脚架达到对中的目的。利用线锤对中时,观测者必须从仪器两个互相垂直的方向看锤尖是否对准测点的中心标志(一般是在木桩中心钉一个小钉)。如果其偏离中心左右前后不大于 2 mm,就可拧紧固定螺钉,对中完毕。

## 2. 经纬仪测角

1) 水平角测设。

(1) 测量已知角的数值。

测量已知角,即地面上给出三个点,测出三点所夹的水平角值是多少。常用以下几种方法。

① 测回法:如图 3-26 所示,AOB 为已知三点,欲测出∠AOB 的数值。

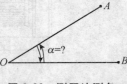

图 3-26　测回法测角

a. 将仪器安在 O 点上,先将度盘对到 0°00′00″(测微轮式先将测微尺对准 0°00′00″,扳上复测器,利用水平微动将指标线对准 0°)。

b. 先扳下复测器,后放松水平制动,以正镜(即竖盘在望远镜左侧)照准 A 点,检查度盘读数仍为 0°00′00″。

c. 扳上复测器,放松水平制动,平转镜照准 B 点,读取度盘读数,如 30°15′30″(若为测微轮式,先转动测微轮使度盘刻划线平分指标双线,然后读数)。以上称半测回。

d. 为消除仪器误差再测半测回。纵转望远镜成倒镜,复测器仍扳上,平转镜(度盘变位 180°)照准 B 点,读取读数,如 210°15′20″。

e. 放松水平制动,逆时针平转镜,照准 A 点,读数,如 180°00′00″。用正、倒镜各测一次称一测回。记录格式及计算方法见表 3-7。

表 3-7　测回法观测手簿

| 测站 | 竖盘位置 | 目标 | 度盘读数 | 半测回角值 | 一测回角值 | 各测回平均角值 | 备注 |
|---|---|---|---|---|---|---|---|
| 0 | 正境 | A | 0°00′00″ | 30°15′30″ | 30°15′25″ | | |
| | | B | 30°15′30″ | | | | |
| | 倒镜 | B | 210°15′20″ | 30°15′20″ | | | |
| | | A | 180°00′00″ | | | | |

② 复测法:如图 3-27 所示,AOB 为已知点,测∠AOB 的角值。

a. 安仪器于 O 点,将读数对准 0°00′00″,扳下复测器,用正镜照准 A 点。

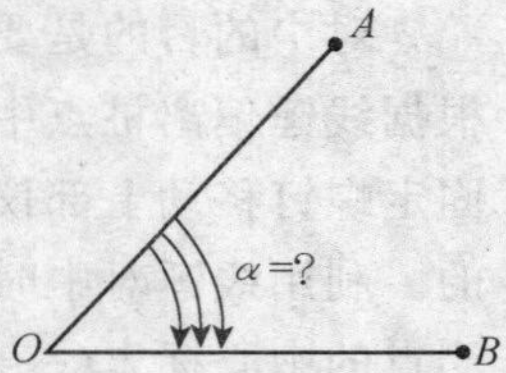

b. 扳上复测器,放松水平制动,照准 B 点,读出读数,如为 47°30′10″。此读数称为检验角。

c. 扳下复测器,放松水平制动,逆时针平转镜,再次照准 A 点(此时读数仍为 47°30′10″)。

图 3-27　复测法测角

d. 扳上复测器,放松水平制动,再照准 B 点,不用读数。

e. 扳下复测器,逆转镜再照准 A 点,不用读数。

f. 扳上复测器,平转镜,照准 B 点,读取读数如 142°30′45″。

因为起始读数为 $0°00'00''$，所以最后读数减去起始读数所得的累计角值仍为 $142°30'45''$。共复测 3 次，累计角值除以复测次数即为前半测回的平均角值。

$$\alpha = \frac{142°30'45''}{3} = 47°30'15''$$

g. 为提高精度，改倒镜再测半测回，最后取平均值作为观测成果。

如果所测角值很大或复测次数较多，累计角值会超过 $360°$，为此，观测过程中要记住复测的次数，用检验角乘以复测次数得出概略计角值，然后除以 $360°$，商值整数部位得几，就在最后读数上加几个 $360°$，作为累计读数。

[例 1] 测某角，初始读数为 $10°40'$，检验角为 $144°20'$，复测 4 次，最后读数为 $228°00'40''$，求平均角值。

$$超过 360° 次数 = \frac{144°20' \times 4}{360°} > 1$$

$$平均角值 = \frac{228°00'40'' + 360° - 10°40'}{4} = 144°20'10''$$

由于复测过程多次变换度盘位置，计算角值时只用了初始读数和终止读数，减少了仪器误差和读数误差，可以提高测角的精度。

（2）测设已知数值的角。

测设已知数值的角，就是在地面上给出两点和一个设计角，要求测设出另一点。

如图 3-28，$OA$ 是地面上给出的两点，要求以 $O$ 点为角顶，顺时针测设一个 $\beta = 50°50'$ 的角，定出 $B$ 点。测角步骤如下。

① 正倒镜法。

a. 将仪器安于 $O$ 点，将度盘对到 $0°00'00''$。

b. 先扳下复测器，后放松水平制动，用正镜照准 $A$ 点。

c. 先扳上复测器，后放松水平制动，平转镜，将度盘读数对到要测角 $50°50'$（若使用测微轮式仪器，先将测微尺寸到小数部分，后对度盘整数部分），检查全部读数符合设计角后，在视线方向线上定出 $B_1$ 点。

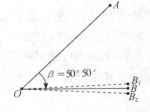

图 3-28 正倒镜法测已知角

以上用正镜观测的叫半测回，为了校核，并消除视准轴不垂直横轴及横轴不垂直竖轴误差的影响，用倒镜再测半测回。

d. 将度盘读数对到 $90°00'00''$，用倒镜照准 $A$ 点。扳上复测器，平转镜，将读数对到要测角 $140°50'$ 在视线方向线上，定出 $B_2$ 点。

e. 正常情况下 $B_1$、$B_2$ 近于重合，取 $B_1$、$B_2$ 的中点 $B$ 作为观测成果。$\angle AOB$ 就是要求的设计角。

上述测法中，实始读数为 $0°00'00''$，这样计算简便不易出错，是常用的方法。

② 角值改正法。

仍以测 $\beta=50°50'$ 为例,在 $O$ 点安仪器,先用正镜测出 $B_1$ 点,如图 3-29 所示。然后用测回法反复(二次以上)测量 $\beta_1$ 角,求出平均角值,如 $\beta_1=50°49'30''$,计算 $B_1$ 与 $\beta$ 角之差值 $\Delta\beta$。

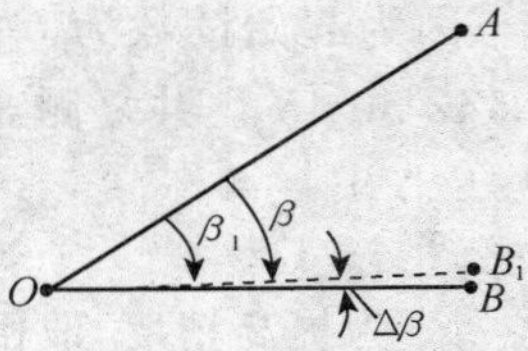

$$\Delta\beta=\beta-\beta_1=50°50'-50°49'30''=30''$$

**图 3-29　改正法测已知角**

设 $OB=80$ m,用下式求出修改数:

$$BB_1=OB \cdot \frac{\Delta\beta}{\rho}=80000\times\frac{30}{206265}=12(\text{mm})$$

式中 $\rho=206265$ 是一个常数。

改正方法:从 $B_1$ 点沿垂线主向方外置 12 mm 定出 $B$ 点,得 $\beta$ 角。

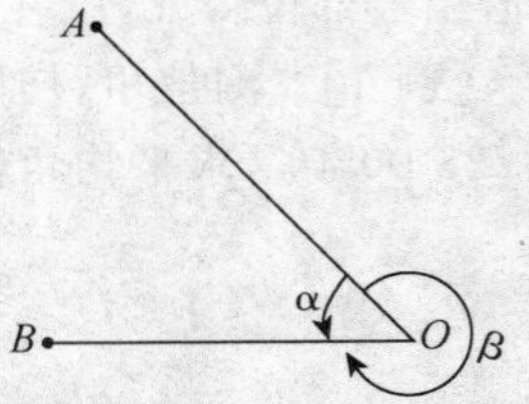

实际工作中常会遇到需逆时针方向测角,图 3-30 中 $O$、$A$ 为给定的两点欲逆时测设 $\alpha$ 角,定出 $B$

**图 3-30　逆时针改顺时针测角**

点。水平度盘一般都是顺时针注字,逆时针测角时,把测右角变成测左角,换算方法是:

$$\beta=360°-\alpha$$

然后按顺时针测出 $\beta$,定出 $B$ 点。

测角在前视主向右侧称右角,在前视方向左侧称左角。

对所用仪器来说,允许误差为仪器的两倍中误差。例如 $J_6$ 级经纬仪允许误差为 $12''$,即测已知角的数值时,两个半测回角值之差不大于 $12''$。在测设已知数值的角时,两半测回角值之差(图 3-28 中 $\angle BOB_1$)不大于 $24''$。

③ 测量两点的距离。

图 3-31 中,欲测隔河相对的 $A$、$B$ 两点间距离。设辅助点 $P$,利用三角正弦定律公式推算出 $A$、$B$ 两点间的距离。

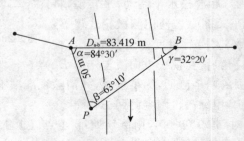

**图 3-31　利用正弦定律计算两点距离**

测量方法如下:

a. 在 $A$ 点一侧设辅助点 $P$,精密丈量 $A$、$P$ 两点距离,如图中所示为 50 m。

b. 置仪器于 $A$ 点,后视 $B$ 点,测出角 $\alpha=84°30'$。

c. 置仪器于 $P$ 点,后视 $A$,测出角 $\beta=63°10'$。

d. 计算 $B$ 点夹角 $\gamma=180°-84°30'-63°10'=32°20'$。

e. 计算 $D_{a-b}$ 距离。

根据正弦定律,在任意三角形中:

$$欲求边长=已知边长×\frac{欲求边对应角正弦}{已知边对应角正弦}$$

$$D_{a-b}=50×\frac{\sin63°10'}{\sin32°20'}=50×\frac{0.892323}{0.524844}=83.419(m)$$

2)竖直角测量。

(1)竖直角测量。

竖直度盘是用来测量竖直角,其构造及读数方法与水平度盘基本相同,注字大多为逆时针。当望远镜视准轴水平时,度盘读数为 0°或 90°的倍数,见图 3-32。视线在水平线以上称仰角,视线在水平线以下称俯角。

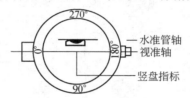

图 3-32 竖盘与指标

竖直角的测量方法如下:

将仪器安于测点上,调平并将指标水准管气泡调整居中,然后纵转望远镜照准目标(不需要先照准后视),其竖盘度数应是所观测角的角值。

[例 2] 如图 3-33 所示,欲测量旗杆的高度,先仰镜照准杆顶,如竖盘读数 $\alpha=122°10'$(视线水平时竖盘读数 90°),再俯视照准杆底,如竖盘读数 $\beta=86°20'$,仪器中心至旗杆的水平距离 $s=23$ m,求旗杆高 $H$。

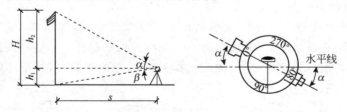

图 3-33 竖直角测量

已知 $\qquad\qquad \alpha=122°10'-90°=32°10'$

$\qquad\qquad\qquad \beta=90°-86°20'=3°40'$

查表 $\qquad\qquad \tan\alpha=\tan32°10'=0.62892$

$$\tan\beta=\tan3°40'=0.06410$$

计算
$$h_1=\tan\beta s=0.06410\times23=1.474(\text{m})$$
$$h_1=\tan\alpha s=0.62892\times23=14.465(\text{m})$$

旗杆高
$$H=h_1+h_2=1.474+14.465=15.939(\text{m})$$

计算旗杆高时,只能用两角分别计算高度后再增加,不能用两角之和计算高度。

(2)竖盘读数法。

竖盘读数及竖直角计算随度盘注字形式而异。以逆时针注字的度盘为例,如图3-34所示,当正镜视线水平时,指标读数为90°;倒镜时,指标读数为270°。

由表3-8可知:
$$\alpha_{\text{正}}=L-90°$$
$$\alpha_{\text{倒}}=270°-R$$

表3-8 竖盘读数与竖直角计算

| | 视线水平 | 视线向上(仰角) | 视线向下(俯角) |
|---|---|---|---|
| 正镜 | 270° 0° 180° 90° | $\alpha_{\text{左}}=L-90$ | $\alpha_{\text{左}}=-(90°-L)=L-90°$ |
| 倒镜 | 90° 180° 0° 270° | $\alpha_{\text{右}}=270°-R$ | $\alpha_{\text{右}}=-(R-270°)=270°-R$ |

(3)竖盘指标差。

由于竖盘偏心或水准管轴不垂直于指标线的影响,竖盘读数存在指标差。检验方法是:先以正镜、指标读数为90°,照准远处一目标。然后再倒镜照准远处目标,这时若指标读数为270°,说明指标差为0,若偏离270°,其偏移量为指标差的2倍(图3-34)。

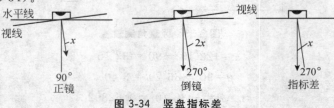

图3-34 竖盘指标差

$$指标差 = x = \frac{1}{2}(\alpha_正 - \alpha_倒)$$

为控制测角的精度,规范对各级仪器的指标差或一测回指标差都有限差规定。如 DJ$_6$ 型为 25″,DJ$_2$ 型为 15″。在实际操作中取正镜和倒镜数值之和,然后取其平均值,指标差可以消除。即:

$$\alpha = \frac{1}{2}(\alpha_正 + \alpha_倒)$$

指标差对某台仪器是一个常数,要在初始读数中加一个指标差,那么视线将保持水平。也可通过校正指标水准管消除误差。

(4) 指标自动归零装置。

用老式光学经纬仪测竖角时,每次读数前都必须调指标水准管使气泡居中,使用不便。新式光学经纬仪在竖盘光路中安置补偿器,以取代指标水准管。当仪器在一定倾斜范围内,竖盘指标能自动归零,能读出相应于指标水准管气泡居中时的读数。这种补偿装置的原理和水准仪自动安平原理基本相同。为达到稳定效果,多采用液体阻尼。

如图 3-35 所示,在指标 $A$ 和竖盘间悬吊一透镜,当视线水平时,指标 $A$ 处于铅垂位置,通过透镜 $O'$ 读出正确读数,如 90°。当仪器稍有倾斜时,因无水准管指示,指标处于不正确 $A'$ 位置,但悬吊的透镜在重力作用下,由 $O$ 移到 $O'$ 处,此时,指标 $A'$ 通过透镜 $O'$ 的边缘部分折射,仍能读出 90° 的读数,从而达到竖盘指标自动归零的目的。自动归零补偿范围一般为 2′。

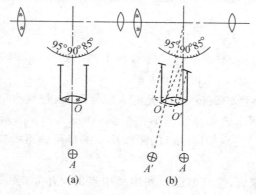

**图 3-35　竖盘指标自动归零示意图**

(a)仪器水平;(b)仪器倾斜时竖盘自动归零

## 3. 经纬仪的检验与校正

经纬仪是结构复杂、制造精密的仪器。要测出精确成果,各轴线关系必须正确。经纬仪各轴线间的几何关系如图 3-36 所示。即：

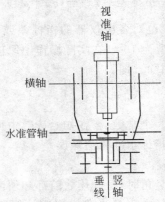

图 3-36　经纬仪各轴线示意

（1）水准管轴垂直于竖轴；

（2）视准轴垂直于横轴；

（3）横轴垂直于竖轴；

（4）十字线竖丝垂直于横轴；

（5）竖轴平行于垂线（仪器定平条件）。

1）水准管轴的检验和校正。

水准管轴垂直于竖轴时，当水准管气泡居中，度盘处于水平位置，满足仪器置平条件。

（1）检验方法。

① 仪器支稳，让水准管平行于任意两个调平螺旋，旋转调平螺旋使气泡居中，如图 3-37a 所示，此时水准管轴水平。

② 将水准管绕竖轴旋转 180°，此时水准管调头，若气泡仍居中，说明水准管轴垂直竖轴，满足要求。如果气泡偏离一侧，如图 3-37b 所示，说明水准管轴不垂直竖轴，需校正。气泡偏离中点的距离反映的是两轴不垂直之误差的 2 倍。

（2）校正方法。

① 转动调平螺旋，使气泡退回到偏离中点的一半，如图 3-37c 所示，此时竖轴处于垂线位置。

② 拨动水准管校正螺丝，使水准管的一端抬高或降低，使气泡居中，如图 3-37d 所示，此时水准管轴垂直竖轴。

在外作业无条件校正时，也可只经过第一步校正，然后按图 3-37c 进行操作。因为此时竖轴已处于垂线位置，满足调平仪器的需要。水准管虽有误差，但水准管转到任何位置气泡总是等距离地偏向一侧，这种方法称为等偏调平法。

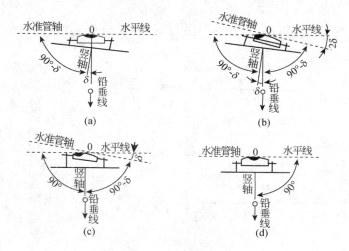

**图 3-37　水准管轴校正方法**

(a)旋转调严螺旋使气泡居中；(b)180°旋转水准管检查管轴是否垂直；
(c)转动调平螺旋；(d)拨动水准管校正螺丝使气泡居中

2）视准轴的检验和校正。

视准轴垂直于横轴，正镜转倒镜所观测的点在一条直线上。

（1）检验方法。

① 选择一平坦场地（长 80～100 m），仪器安置在中间，场地一端设一目标 $A$ 作为后视，场地另一端垂直视线放一木方（或贴一张白纸），用望远镜照准后视 $A$ 点，拧紧水平制动，然后纵转望远镜成倒镜，在木方上投测一点 $B_1$，如图 3-38a 所示。

② 平转镜 180°，保持倒镜再照准 $A$ 点，拧紧水平制动，然后纵转望远镜成正境 $B_1$ 点，若视线与 $B_1$ 点重合，说明视准轴垂直横轴，满足条件。如果视线偏离 $B_1$ 点，得 $B_2$ 点，如图 3-38b 所示。

（2）校正方法。

① 从 $B_2$ 点开始量取 $1/4B_1B_2$ 长，作 $B_3$ 点（注意不要取 $B_1B_2$ 的中点），如图 3-38b 所示。由于视准轴与横轴误差为一个 $c$ 角，所以 $B_3$ 点就是视准轴应照准的改正位置。

② 望远镜不动，将十字线环左、右两个校正螺丝一松一紧，将十字线的交点对准 $B_3$ 点，视准轴就垂直横轴了。校正过程中十字线环的位移很小，要小心仔细，拨动螺丝时要先松后紧，边松边紧。

3）横轴的检验和校正。

横轴垂直于竖轴，任意竖角所观测的点都在一条垂线上。

（1）检验方法。

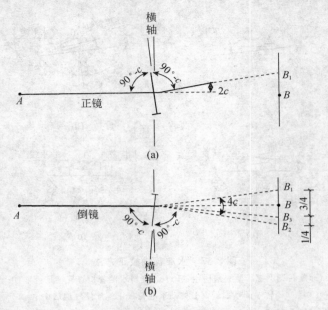

图 3-38  视准轴校正程序

(a)投测 $B_1$ 点；(b)检测视准轴

① 在距墙面 15 m 左右处安置仪器，视线垂直墙面，拧紧水平制动，将望远镜仰起 30°左右，用正镜照准高处一目标点 $M$，再将望远镜放平，在墙面投测一点 $m_1$，如图 3-39 所示。

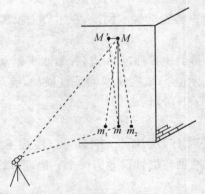

图 3-39  横轴校正程序

② 改用倒镜照准高处 $M$ 点，拧紧水平制动，将望远镜放平，观看 $m_1$ 点，如果视线与 $m_1$ 点重合，说明横轴垂直竖轴，满足条件；若不重合，则标出 $m_2$ 点，说明需校正。

（2）校正方法。

① 在 $m_1m_2$ 两点间定出中点 $m$，仪器原位不动，利用水平微动平转视线照准 $m$ 点，然后抬高望远镜看高处 $M$ 点，这时视线偏向 $M'$。

② 用拨针拨动支架上横轴校正螺丝，调整支架高度，使十字线交点对准 $m_1$ 点，这时 $M$、$m$ 两点在一条垂线上，横轴垂直于竖轴。

图 3-40a 是两种形式的横轴校正装置。图 3-40b 是通过转动偏心轴承校正横轴。

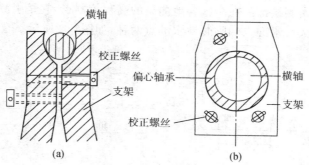

**图 3-40　横轴校正**

(a)横轴校正装置；(b)偏心轴承校正

4) 十字线竖丝的检验和校正。

竖丝垂直横轴，用竖丝任何位置观测的点都在一条垂线上。

（1）检验方法。

将仪器调平，用十字线交点照准一目标，拧紧水平制动，纵转望远镜，若该点在竖丝上移动，如图 3-41a 所示，说明竖丝垂直横轴；若偏离竖丝，如图 3-41b 所示，则需校正。

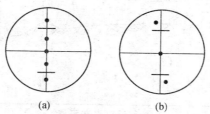

**图 3-41　竖丝检验方法**

(a)竖丝垂直横轴；(b)竖丝偏离横轴（需校正）

（2）校正方法。

松开十字线环两相邻螺丝，转动十字线环，使之满足条件要求。此项误差一般不用校正，观测时可用十字线交点照准目标。

# 四、一般工程抄平放线

## 1. 普通水准测量

1）水准点。

水准点是由测绘部门在全国各地测设的高程控制点,它是引测高程的依据。水准点分为永久性水准点和临时性水准点两种,如图3-42所示。

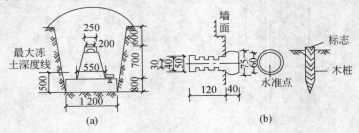

图 3-42 水准点

（a）永久性水准点；（b）临时性水准点

2）水准测量的记录和计算。

实际工作中,往往遇到地面上 $A$、$B$ 两点相距较远或者高差较大,如图 3-43 所示。安置一次仪器不能测出两点的高差时,需分成若干段,连续测出各分段的高差,再将各段高差累计,得出 $A$、$B$ 两点之间的高差。

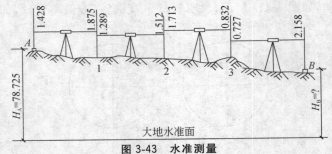

图 3-43 水准测量

[例 2] $h_1 = a_1 - b_1 = 1.428 - 1.875 = -0.447$

$h_2 = a_2 - b_2 = 1.289 - 1.512 = -0.223$

$h_3 = a_3 - b_3 = 1.713 - 0.832 = +0.881$

$h_4 = a_4 - b_4 = 0.727 - 2.158 = -1.431$

$\sum h$（高差总和）$= \sum a$（后视读数总和）$- \sum b$（前视读数总和）

$= H_B$（终点高程）$- H_A$（始点高程）

由上述可知,在观测过程中的 1、2、…点起传递高程的作用,这些点称为转点。转点既有前视读数,又有后视读数。将这些读数分别填入表 3-9 和表3-10。

表 3-9　水准测量手簿(高差法)

| 测点 | 后视读数 | 前视读数 | 高差 | | 高程 | 备注 |
|---|---|---|---|---|---|---|
| | | | + | − | | |
| A | 1.428 | | | | 78.725 | 已知点高程 |
| 1 | 1.289 | 1.875 | | 0.447 | 78.278 | |
| 2 | 1.713 | 1.512 | | 0.223 | 78.055 | |
| 3 | 0.727 | 0.832 | 0.881 | | 78.936 | |
| B | | 2.158 | | 1.431 | 77.505 | 欲求点高程 |
| 计算 | $\sum a=5.157$　　$\sum b=6.377+0.881-2.101$　　$H_B-H_A=-1.22$ | | | | | |
| 核算 | $\sum a-\sum b=-1.22$　　$\sum h=-1.22$ | | | | | |

注:表中 $\sum a=\sum b=H_B-H_A$ 表示计算无误。

表 3-10　水准测量手簿(视线高法)

| 测点 | 后视读数 | 视线高 | 前视读数 | 高程 | 备注 |
|---|---|---|---|---|---|
| A | 1.428 | 80.153 | | 78.725 | 已知点高程 |
| 1 | 1.289 | 80.014 | 1.875 | 78.278 | |
| 2 | 1.713 | 80.438 | 1.512 | 78.055 | |
| 3 | 0.727 | 79.452 | 0.832 | 78.935 | |
| B | | | 2.158 | 77.505 | 欲求点高程 |
| 计算 | $\sum a=5.157$　　$\sum b=6.377$　　$H_B-H_A=-1.22$ | | | | |
| 核算 | $\sum a-\sum b=-1.22$ | | | | |

注:表中 $\sum a-\sum b=H_B-H_A$ 表示计算无误。

## 2. 测设轴线控制桩

如图 3-44 所示,轴线控制桩又称为引桩或保险桩,一般设置在基槽边线外

2～3 m，不受施工干扰而又便于引测的地方。当现场条件许可时，也可以在轴线延长线两端的固定建筑物上直接作标记。

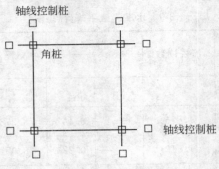

图 3-44　轴线控制桩

　　为了保证轴线控制桩的精度，最好在轴线测设的同时标定轴线控制桩。若单独进行轴线控制桩的测设，可采用经纬仪定线法或者顺小线法。

### 3. 测设龙门板

　　在建筑的施工测量中，为了便于恢复轴线和抄平（即确定某一标高的平面），可在基槽外一定距离钉设龙门板，如图 3-45 所示。钉设龙门板的步骤如下：

　　1）钉龙门桩。

　　在基槽开挖线外 1.0～1.5 m 处（应根据土质情况和挖槽深度等确定）钉设龙门桩，龙门桩要钉得竖直、牢固，木桩外侧面与基槽平行。

　　2）测设±0.000 标高线。

　　根据建筑场地水准点，用水准仪在龙门桩上测设出建筑物±0.000 标高线，其若现场条件不允许，也可测设比±0.000 稍高或稍低的某一整分米数的标高线，并标明。龙门桩标高测设的误差一般应不超过±8 mm。

　　3）钉龙门板。

　　沿龙门桩上±0.000 标高线钉龙门板，使龙门板上沿与龙门桩上的±0.000 标高对齐。钉完后应对龙门板上沿的标高进行检查，常用的检核方法有仪高法、测设已知高程法等。

　　4）设置轴线钉。

　　采用经纬仪定线法或顺小线法，将轴线投测到龙门板上沿，并用小钉标定，该小钉称为轴线钉。投测点的允许误差为±5 mm。

　　5）检测。

　　用钢尺沿龙门板上沿检查轴线钉间的间距，是否符合要求。一般要求轴线间距检测值与设计值的相对精度为 1/5 000～1/2 000。

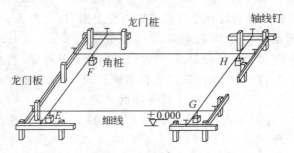

图 3-45　龙门桩与龙门板

6）设置施工标志。

以轴线钉为准，将墙边线、基础边线与基槽开挖边线等标定于龙门板上沿。然后根据基槽开挖边线拉线，用石灰在地面上撒出开挖边线。

龙门板的优点是标志明显，使用方便，可以控制±0.000 标高，控制轴线以及墙、基础与基槽的宽度等，但其耗费的木材较多，占用场地且有时有碍施工，尤其是采用机械挖槽时常常遭到破坏，所以，目前在施工测设中，较多地采用轴线控制桩。

**4. 基槽（或基坑）开挖的抄平放线**

施工中基槽是根据所设计的基槽边线（灰线）进行开挖的，当挖土快到槽底设计标高时，应在基槽壁上测设离基槽底设计标高为某一整数（如 0.500 m）的水平桩（又称腰桩），如图 3-46 所示，用以控制基槽开挖深度。

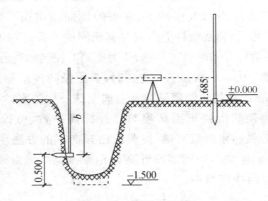

图 3-46　设置水平桩

基槽内水平桩常根据现场已测设好的±0.000 标高或龙门板上沿高进行测设。例如，槽底标高为－1.500（即比±0.000 低 1.500 m），测设比槽底标高高

0.500 m 的水平桩。将后视水准尺置于龙门板上沿(标高为±0.000),得后视读数 $a=0.685$,则水平桩上皮的应有前视读数 $b=\pm0.000+a-(-1.500+0.500)=0.685+1.000=1.685(m)$。立尺于槽壁上下移动,当水准仪视线中丝读数为 1.685 m 时,即可沿水准尺尺底在槽壁打入竹片(或小木桩),槽底就在距此水平桩上沿往下 0.5 m 处。施工时常在槽壁每隔 3 m 左右以及基槽拐弯处测设一水平桩,有时还根据需要,沿水平桩上表面拉上自线绳,或在槽壁上弹出水平墨线,作为清理槽底抄平时的标高依据。水平桩标高容许误差一般为 ±10mm。

当基槽挖到设计高度后,应检核槽底宽度。如图 3-47 所示,根据轴线钉,采用顺小线悬挂垂球的方法将轴线引测至槽底,按轴线检查两侧挖方宽度是否符合槽底设计宽度 $a$、$b$。当挖方尺寸小于 $a$ 或 $b$ 时,应予以修整。此时可在槽壁钉木桩,使桩顶对齐槽底应挖边线,然后再按桩顶进行修边清底。

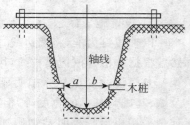

图 3-47 检核槽底宽度

## 5. 基础墙标高控制

在垫层上弹出轴线和基础边线后,便可砌筑基础墙(±0.000 以下的墙体)。基础墙的高度是利用基础皮数杆控制的。基础皮数杆是一根木杆,如图 3-48a 所示,其上标明了 ±0.000 的高度,并按照设计尺寸,画有每皮砖和灰缝厚度,以及防潮层的位置与需要预留洞口的标高位置等。立皮数杆时,先在立杆处打一木桩,按测设已知高程的方法用水准仪抄平,在桩的侧面抄出高于垫层某一数值(如 0.1 m)的水平线。然后,将皮数杆上高度与其相同的一条线与木桩上的水平线对齐并用大铁钉把皮数杆与木桩钉在一起,作为砌墙时控制标高的依据。

当基础墙砌到 ±0.000 标高下一皮砖时,要测设防潮层标高,见图 3-48b,允许误差为 ≤±5 mm。有的防潮层是在基础墙上抹一层防水砂浆,也作为墙身砌筑前的抹平层。为使防潮层顶面高程与设计标高一致,可以在基础墙上相间 10 m 左右及拐角处做防水砂浆灰墩,按测设已知高程的方法用水准仪抄平灰墩表面,使灰墩上表面标高与防潮层设计高程相等,然后,再由施工人员根据灰墩的标高进行防潮层的抹灰找平。

## 6. 多层建筑物的轴线投测和标高传递

1)轴线投测。

多层建筑物的轴线投测一般有以下两种方法:

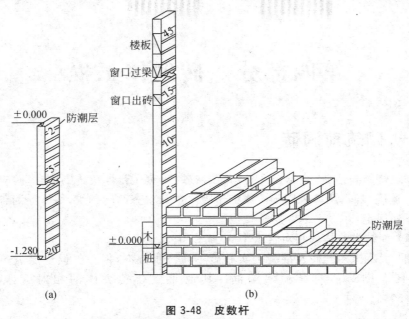

图 3-48　皮数杆

(a)基础皮数杆；(b)墙身皮数杆

（1）用线锤投测。

在墙砌筑过程中，为了保证建筑物位置正确，常用线锤检查纠正墙角，使墙角在同一铅垂线上，这样就把轴线的位置逐层传递上去了。

（2）用经纬仪投测。

当建筑物较高或风较大时，可用经纬仪把轴线投测到楼板边缘或砖墙边缘，作为上一层施工的依据。

2）标高传递。

在多层建筑物施工中，经常要由下层楼板向上传递标高，以便使楼板、门窗口、室内装修等工程的标高符合设计要求。标高的传递一般可采用以下几种方法：

（1）利用皮数杆传递标高。

在皮数杆上一般自±0.000 起，将门窗口、过梁、楼板等构件的标高都标明，需要哪部分的标高位置时，均可从皮数杆上得到。

（2）利用钢尺直接丈量。

在标高精度要求较高时，可用钢尺沿某一墙角自±0.000 起向上直接丈量，把标高传递上去。

（3）吊钢尺法。

在楼梯间吊下钢尺，用水准仪读数，把下层标高传到上层。

# 第四部分 砖砌体工程

## 一、砌筑前润砖

砌筑烧结普通砖、烧结多孔砖、蒸压灰砂砖、蒸压粉煤灰砖砌体时，砖应提前1～2 d适度湿润，严禁采用干砖或处于吸水饱和状态的砖砌筑，块体湿润程度宜符合下列规定：

（1）烧结类块体的相对含水率60%～70%。

（2）混凝土多孔砖及混凝土实心砖不需浇水湿润，但在气候干燥炎热的情况下，宜在砌筑前对其喷水湿润。其他非烧结类块体的相对含水率为40%～50%。

### 1. 砖为何要浇水预湿润

在一般气候条件下（冬期施工除外），砌体结构施工用砖需要提前1～2 d浇水预湿润，这有助于砌筑工的操作和保证砌体施工的质量。原因如下：烧结普通砖、烧结多孔砖、蒸压灰砂砖、蒸压粉煤灰的吸水率都比较大，如使用干砖砌筑，砂浆中的水分容易被干砖吸收，砂浆因缺水而流动性降低，不仅使砌筑困难，且影响水泥的水化反应，导致砂浆强度降低，砂浆与砖黏结不牢，砌体质量显著下降；如砖浇水过湿，或对砖现浇水湿润砌筑，砖表面易形成水膜，阻碍了砂浆与砖之间的黏结。同时，砂浆的流动性增大，易导致砂浆中水泥浆流失，使砂浆强度降低。此外，砂浆流淌使砖产生滑移和砌体变形，清水墙砌筑时，也不能保持墙面清洁。

### 2. 采用相对含水率表述砖适宜的浇水湿润程度

根据前面分析，在一般气候条件下（冬期施工除外），砌体施工用砖需要提前浇水预湿润，但砖的湿润程度应在一定范围之内。

采用含水率确定砖砌筑时的适宜含水率是不妥当的，因为无论是烧结普通砖、烧结多孔砖，或是蒸压灰砂砖、蒸压粉煤灰砖，由于制砖原材料及生产工艺的差异，会导致产品性能存在差异，包括吸水率（砖吸水饱和状态下吸收的水分质量与其干质量之比）的变化。因此，我国长期以来采用以砖的含水率确定施工时适宜的湿润程度,这是不适宜的,应改为以砖的相对含水率表示。

《砌体结构工程施工质量验收规范》(GB 50203—2011)对砌筑时适宜的浇水湿润程度修改为按适宜的相对含水率表示,按照烧结类块体、非烧结类块体吸水率、吸水、失水速度快慢分别作出了规定。

## 3. 砖砌筑时适宜的浇水湿润程度要求

1) 砖吸水特性存在差异。

受砖生产所用原材料及生产工艺的影响,砖的吸水率特性(吸水率、吸水及失水速度)是存在差异的。

2) 砖体湿润程度。

砌筑烧结普通砖、烧结多孔砖、蒸压灰砂砖、蒸压粉煤灰砖砌体时,砖应提前1~2 d适度湿润,严禁采用干砖或处于吸水饱和状态的砌筑,块体湿润程度宜符合下列规定:

(1) 烧结类块体的相对含水率 60%～70%。

(2) 混凝土多孔砖及混凝土实心砖不需浇水湿润,但在气候干燥炎热的情况下,宜在砌筑前对其喷水湿润。其他非烧结类块体的相对含水率40%～50%。

3) 砖砌筑时适宜相对含水率的控制。

砖浇水湿润程度。《砌体结构工程施工质量验收规范》(GB 50203—2011)根据对砌体强度影响的试验研究成果及工程实际情况,对砖砌筑时适宜的含水率或相对含水率提出了明确的要求,但在施工现场是较难控制准确的。在施工现场,砖的预湿通常都是用水管对着砖垛从上至下浇水,浇水的水量及浇水时间长短都凭工人经验或感觉决定。可以认为,只要浇水较充分,砖的含水率大多接近饱和含水率(即吸水率)。经过砌筑前1~2 d的预湿,砖砌体的砌筑质量是可以得到保证的。我们认为,这一工艺过程应注意以下几个问题:

(1) 在正常气候条件下(冬期施工期间除外),烧结普通砖、烧结多孔砖、蒸压灰砂砖、蒸压粉煤灰应提前1~2 d适度浇水湿润。提前浇水时间可视气候条件及砖失水速度确定,气温低于30℃时,烧结普通砖、烧结多孔砖宜提前2 d浇水,蒸压灰砂砖和蒸压粉煤灰砖也应提前2 d浇水。当气温高于30℃时,烧结普通灰砂砖、烧结多孔砖宜提前1 d浇水。

(2) 在正常气候条件下,对烧结普通砖、烧结多孔砖、蒸压灰砂砖、蒸压粉煤灰砖,不得干砖(即为未浇水湿润的自然状态下的砖)上墙砌筑。

(3) 经雨水淋透的砖,表面有水迹时不得上墙砌筑。

(4) 雨天或雨期施工,应注意对砌筑用砖采取防雨措施。

# 二、砖基础砌筑施工

## 1. 基础的放线

基础放线时,应根据基础设计尺寸和埋置深度、土壤类别及地下水位情况,确定开挖时是否放坡、是否加支撑及留工作面,从而定出基槽(坑)开挖的上口尺寸。实际工作中常遇以下几种情况。

1) 不放坡也不加支撑。

当土质均匀且地下水位低于基底时,挖土深度不超过表 4-1 规定时,可不放坡、不加支撑。此时基础底面尺寸就是放灰线尺寸。但是,施工过程中应经常检查槽(坑)壁的稳定情况。

表 4-1  直立壁不加支撑土方开挖深度表

| 土的名称 | 挖土深度/m |
|---|---|
| 密实、中密的砂土和碎石类土(充填物为砂土) | 1 |
| 硬塑、可塑的轻亚黏土及亚黏土 | 1.25 |
| 硬塑、可塑的黏土和碎石类土(充填物为黏土) | 1.5 |
| 坚硬的黏土 | 2 |

2) 不放坡加支撑、留工作面。

当挖土深度超过表 4-1 规定,且场地窄小不能放坡时,应做成直立壁加支撑,如图 4-1 所示。基底面尺寸为 $ab$,工作面的宽度 $c$ 一般为 30~60 cm,支撑所需尺寸为每边 10 cm。即:

$$长边\ A = a + 2c + 2 \times 10 \tag{4-1}$$

$$短边\ B = b + 2c + 2 \times 10 \tag{4-2}$$

式中  $A$——长边放灰线尺寸;

$B$——短边放灰线尺寸;

$a$——基础长边;

$b$——基础短边;

$c$——工作面宽。

3) 放坡。

当挖土深度超过表 4-1 规定,且在 5 m 以内土质均匀,地下水位低于基坑时,可考虑放坡不加支撑,放坡宽度可参照表 4-2 计算。

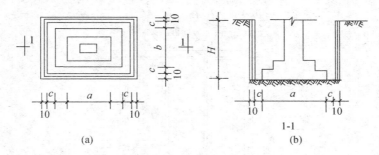

**图 4-1 直立壁加支撑**

(a)基底面尺寸;(b)1-1 剖面

**表 4-2 深度在 5 m 内的基坑(槽)、管沟坡的最陡坡度(不加支撑)**

| 土的类别 | 边坡坡度容许值(高:宽) | | |
|---|---|---|---|
| | 坡顶无荷载 | 坡顶有静载 | 坡顶有动载 |
| 中密的沙土 | 1:1.00 | 1:1.25 | 1:1.50 |
| 中密的碎石类土(填充物为沙土) | 1:0.75 | 1:1.00 | 1:1.25 |
| 硬塑的黏质粉土 | 1:0.67 | 1:0.75 | 1:1.00 |
| 中密的碎石类土(填充物为黏性土) | 1:0.50 | 1:0.67 | 1:0.75 |
| 硬塑的粉质黏土、黏土 | 1:0.33 | 1:0.50 | 1:0.50 |
| 老黄土 | 1:0.10 | 1:0.25 | 1:0.33 |
| 软土(经井点降水后) | 1:1.00 | — | — |

注:① 静载指堆土或材料等,动载指机械挖土或汽车运输作业等。静载或动载应距挖方边缘 0.8 m 以
外,堆土或材料高度不宜超过 1.5 m。
② 当有成熟经验时,可不受本表限制。

基坑放线尺寸应考虑工作面及放坡上口增加宽度,如图 4-2 所示。

放灰线时,可用装有石灰粉末的长柄勺靠着木灰板侧面边撒边走,标出基础
挖土的白灰界限。

## 2. 垫层施工要点

基础垫层是位于基础大放脚下面将建筑物荷载均匀的传给地基的找平层,
它是基础的一部分。垫层多用素土、灰土、碎砖三合土、级配砂石及低强度等级

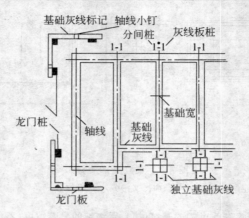

图 4-2　基坑放线示意图

混凝土制作。

　　垫层施工前,应对基槽进行验收,检查基轴线、标高、平面尺寸、边线是否符合要求。如基槽已被雨雪或地下水浸泡,应将浸泡软土层挖去,并夯填 10 cm 厚的碎石或卵石。

　　1) 素土垫层。

　　挖去基槽的软弱土层,分层回填素土,并分层夯实,一般适用于处理湿润性黄土或杂填土地基。

　　2) 灰土垫层。

　　一般采用三七灰土或二八灰土夯实而成,即用熟石灰和黏土按体积比 3∶7 或 2∶8 拌和均匀,分层夯实。灰土垫层 28 d 的抗压强度可达 1.0 MPa。

　　熟化 24 h 的熟石灰要用孔径为 5 mm×5 mm 的筛子过筛,黏土以原槽土为宜,也应用孔径为 5 mm×5 mm 的筛子过筛。拌好的灰土宜先闷 1～2 d,并且取最佳含水率,即"手握成团,轻捏即碎"。夯实时每次虚铺的厚度,见表 4-3,一般应夯实 3 遍,质量要求见表 4-4。

表 4-3　灰土虚铺厚度

| 工程部位 | 每步夯实厚度/cm | 每步虚铺厚度/cm | | |
|---|---|---|---|---|
| | | 第一步 | 第二步 | 第三步 |
| 墙基、桩基 | 15 | 25～26 | 22～23 | 21～22 |
| 地坪、散水、管沟 | 15 | 23～24 | | |
| | 10 | 16～17 | | |

表 4-4　灰土质量标准

| 项次 | 土料种类 | 灰土最小干容重/(kg/cm³) |
|---|---|---|
| 1 | 轻亚黏土 | 1.55 |
| 2 | 亚黏土 | 1.50 |
| 3 | 黏土 | 1.45 |

　　灰土施工留槎时,不得留在墙角、柱墩及承重窗间墙下。接缝处必须充分夯实。铺虚灰土时,应铺过接槎处 30 cm 以外,夯实时也应超过接槎的 30 cm 以外,灰土垫层施工完毕,应及时进行上部基础施工和基槽回填,防止日晒雨淋,否则应临时遮盖。

　　灰土抗压强度随时间的增长而增长,可从野外试坑中取样,做成 100 mm×100 mm×100 mm 立方体试块测得。见表 4-5。

表 4-5　灰土抗压强度增长值

| 龄期/d | 配比(灰∶土) | 粉砂土 | 亚黏土 | 黏土 |
|---|---|---|---|---|
| 7 | 3∶7 | 0.27 | 0.53 | 0.67 |
| | 2∶8 | 0.21 | 0.54 | 0.53 |
| 28 | 3∶7 | 0.46 | — | 0.93 |
| | 2∶8 | 0.48 | — | 0.84 |
| 90 | 3∶7 | 0.88 | 1.07 | 1.60 |
| | 2∶8 | 0.56 | 0.85 | 1.19 |

　　3) 碎砖三合土垫层。

　　碎砖三合土垫层是由石灰、粗砂和碎砖按体积比为 1∶2∶4 或 1∶3∶6 加适量水拌和夯实而成。熟化后的石灰,粗砂或中砂及 3~5 cm 粒径的碎砖 3 种材料加水拌和均匀后,倒入基槽,分层夯实,虚铺的第一层厚度以 22 cm 为宜,以后每层为 20 cm,均匀夯实,直至设计标高为止。最后一遍夯打时,喷洒浓灰浆,略干后铺一层薄砂,最后再平整夯实。

　　4) 级配砂石垫层。

　　采用级配良好、质地坚硬的砂、卵石做成的垫层称为砂、卵石垫层,砂应清洁,不得含有过量的土,草屑等杂物;石子粒径以 3~5 cm 为宜,材料质地应坚实、干净含泥量不宜大于 3%。

　　施工时将一定厚度的软弱土层挖掉,然后分层铺设级配砂、卵石,每层铺设厚度为 150～250 mm,并用机械夯实。若软弱土层深度不同,应先深后浅,分段施工的接头应做成踏步或斜坡搭接。每层应错开 0.5～1.0 m,并充分捣实。捣实方法和铺设厚度见表 4-6。

表 4-6　砂垫层与砂石垫层铺设厚度与捣实方法

| 施工方法 | 铺设厚度/cm | 最佳含水率(%) | 说明 |
|---|---|---|---|
| 平板振动法 | 20～25 | 15～20 | 平板振动器 |
| 插入振动法 | 相当于插入深度 | 饱和 | 插入式振动器 |
| 水撼法 | 25 | 饱和 | 注水高于面层 1～2 cm,用钢叉捣实 |
| 夯实法 | 15～20 | 8～12 | 水夯或蛙式夯 |
| 碾压法 | 15～20 | 8～12 | 6～10 t 压路机 |

5)混凝土垫层。

混凝土垫层是指在基础大放脚下面采用无筋混凝土做成的垫层,混凝土的强度等级一般采用 C15 级。厚度多为 300～500 mm,厚度最低不低于 100 mm。

当地下水位较高或地基潮湿,不宜采用灰土垫层时,可采用混凝土垫层。在浇注混凝土时,投入体积比为 30%的毛石,构成毛石混凝土垫层,可节约水泥,提高强度。毛石混凝土垫层如图 4-3 所示。

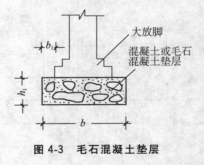

图 4-3　毛石混凝土垫层

## 3. 砖基础施工要点

垫层施工完毕以后,应进行砖基础的施工准备和砌筑工作。

1)清扫垫层表面。

垫层局部不平,高差超过 30 mm 处,应用 C15 以上细石混凝土找平,并用水准仪进行抄平,检查垫层顶面是否与设计标高相符合。

2)进行基础弹线。

基础弹线按以下工序进行。示意图如图 4-4 所示。

(1)在基槽四角的龙门板或其他控制轴线的标志桩上拉线绳。

(2)沿线绳挂线锤,在垫层面上,找出线锤的投影点,投影点数量根据需要确定。

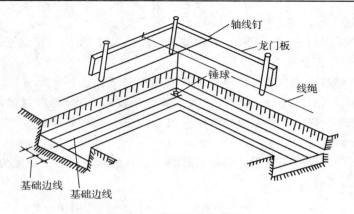

图 4-4　基础弹线示意图

（3）用墨线弹出各投影点间的连线，即可得到外墙下基础大放脚的轴线。

（4）根据基础平面图尺寸，用钢尺量出内墙基础的轴线位置，并用墨线弹出。所用的钢尺必须经过事先校验，以防产生误差。

（5）根据基础剖面图量出大放脚外边线并弹出墨线，可弹出一边或两边的界限。

（6）按图纸设计和施工规范要求复核放线尺寸。放线尺寸的允许偏差应符合表 4-7 的规定。

表 4-7　放线尺寸允许偏差

| 轴线长度 $L/m$ | 允许偏差/mm | 轴线长度 $L/m$ | 允许偏差/mm |
| --- | --- | --- | --- |
| $L \leqslant 30$ | $\pm 5$ | $60 < L \leqslant 90$ | $\pm 15$ |
| $30 < L \leqslant 60$ | $\pm 10$ | $L > 90$ | $\pm 20$ |

如果基础下没有垫层时，难于弹线，可将中线或基础边线用大钉子钉在槽沟边或基底上，以便挂线。

3）设置基础皮数杆。

用方木或角钢制作皮数杆，并根据设计要求、砖的规格、灰缝厚度在皮数杆上标明砖的皮数及竖向构造的变化部位。竖向变化部位应包括底层室内地面、防潮层、大放脚、洞口、管道、沟槽和预埋件等。基础皮数杆上应标明大放脚的皮数、退台、基础的底标高和顶标高，防潮层的标高。

基础皮数杆设置的位置应在基础转角、内外墙基础交接处及高低踏步处，一般间距为 15～20 m。皮数杆应立在规定的标高处，并用水准仪进行抄平。

4）摽底。

基槽、垫层已办完隐检手续，基础轴线边线已放好，皮数杆已立好，并办完检验手续后，可进行摽底工序。

砖基础的基础墙与墙身同厚。大放脚是墙基下面的扩大部分，分为等高和不等高两种，如图 4-5 所示。等高式大放脚是两皮砖一收，每次两边各收进（退台）1/4 砖长；不等高式大放脚是两皮一收与一皮一收相间，每收一次两边各收进 1/4 砖长。

大放脚的底宽应根据设计确定，按图施工，大放脚各皮的宽度应为半砖长的整倍数（包括灰缝）。

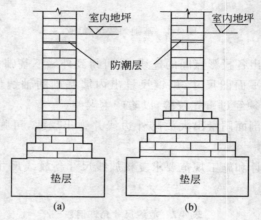

**图 4-5 砖基础构造示意**
(a)等高式；(b)不等高式

摽底也叫排砖，是在砌筑基础前，先用干砖试摆，以确定排砖方法和错缝位置。

（1）基础大放脚的摽底尺寸及收退方法必须符合设计图纸规定。排砖组合应按退台压顶的原则，即退台的每个台阶上面一皮砖宜为顶砖，这样传力好，砌筑及回填土时，不易将退台砖碰掉。

（2）如果为一层一退，里外均砌丁砖；若为两皮一退，第一层为顺砖，第二皮为顶砖。

（3）大放脚转角处，应按规定放七分头（3/4 砖），当为一砖半厚墙时，放三块七分头；当为二砖厚墙时，放四块，以此类推。大放脚转角处采用分皮砌法，如图 4-6 所示。这样可使竖缝上下错开。

（4）大放脚部分，一般采用一顺一丁砌筑形式，但在十字和丁字接头处，搭接时应使纵横基础隔皮砌通，如图 4-7 所示。

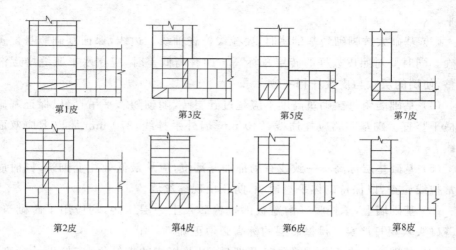

**图 4-6 大放脚转角处分皮砌法**

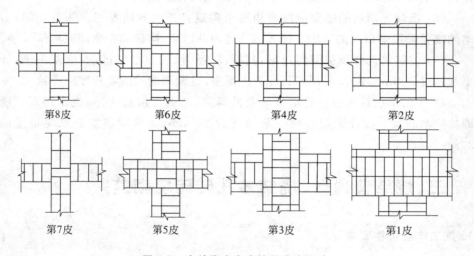

**图 4-7 大放脚十字交接处分皮砌法**

5）砖基础砌筑。

（1）确定组砌方法。一般采用满丁满条排砖法。砌筑时应里外咬槎或留踏步槎，上下错缝。宜采用"三一"砌砖法，即一铲灰、一块砖、一挤揉。严禁水冲灌缝。

（2）砖基础砌筑前，基底垫层表面应清扫干净，洒水湿润。再先盘墙角，每次盘角高度不应超过五层砖。如第一层砖的水平灰缝大于 20 mm 时，应先用细石混凝土找平，严禁在砌筑砂浆中掺加细石或用砂浆找平，更不允许砍砖包合子找平。

（3）基础大放脚砌到基础墙时，要拉线检查轴线及边线，保证基础墙身位置正确。同时要对照皮数杆的砖层及标高。如有高低差时，应在水平灰缝中逐渐调整，使墙的层数与皮数杆相一致。

（4）基础墙角每次砌筑高度不应超过五层砖，随砌随靠平吊直，以保证基础墙横平竖直。砌基础墙应挂通线，240 mm 墙外手挂线，370 mm 墙以上应双面挂线。

（5）基础垫层标高不一致或有局部加深部位，应从最低处往上砌筑，同时应经常拉线检查，以保持砌体平直通顺，防止出现螺丝墙。

（6）基础墙上，承托暖气沟盖板的挑檐砖及上一层压砖，均应用丁砖砌筑。立缝碰头灰要打严实。挑檐砖层的标高必须正确。

（7）基础墙上的各种预留洞口及埋件，以及接槎的拉结筋，应按设计标高、位置或交底要求留置。避免后凿墙打洞，影响墙体质量。

（8）沉降缝两边的墙角应按直角要求砌筑。先砌的墙要把舌头灰刮尽，后砌的墙要采用缩口灰的方法。掉入沉降缝内的砂浆、碎砖和杂物随时清除干净。

（9）安装管沟和预留洞的过梁，其标高、型号、位置必须准确，底灰饱满，如坐灰超过 20 mm 厚时，要用细石混凝土铺垫，过梁两端的搭墙长度应一致。

（10）防潮层抹灰前应将墙顶活动砖修好，墙面要清扫干净，浇水湿润。随即抹防水砂浆。设计无规定时一般厚度为 20 mm，防水粉掺量为水泥重量的3%～5%。

# 三、烧结普通砖、烧结多孔砖砖墙砌筑

## 1. 施工作业条件要求

（1）砌筑前，基础及防潮层应经验收合格，基础顶面弹好墙身轴线、墙边线、门窗洞口和柱子的位置线。

（2）办完地基、基础工程隐检手续。

（3）回填完基础两侧及房心土方，安装好暖气沟盖板。

（4）将砌筑部位（基础或楼板等）的灰渣、杂物清除干净，并浇水湿润。

## 2. 普通砖墙体施工要点

1）立皮数杆。

在墙体转角处、交接处及高低处立好皮数杆。皮数杆要进行抄平，使杆上所示底层室内地面线标高与设计的底层室内地面标高一致。

2）砖的砌筑前处理。

砖墙体砌筑前，地层表面应清扫干净，洒水湿润。砖提前 1～2 d 浇水湿润，不得随浇随砌。烧结普通砖、多孔砖含水率宜为 10％～15％，对灰砂砖、粉煤灰砖含水率宜为 8％～12％。现场检验砖含水率的简易方法为断砖法，当砖截面四周融水深度为 15～20 mm 时，视为符合要求的适宜含水率。

3）砂浆拌制。

（1）砂浆现场拌制时，各组分材料应采用质量计量。计量应准确（计量精度水泥控制在 ±2％ 以内，砂和掺和料等控制在 ±5％ 以内）。

（2）凡在砂浆中掺入有机塑化剂、早强剂、缓凝剂、防冻剂等，应经检验和试配符合要求后，方可使用。有机塑化剂应有砌体强度的型式检验报告。

（3）砌筑砂浆宜采用机械搅拌，并注意投料顺序，应先倒砂，然后倒水泥、掺和料，最后加水。其拌和时间不得少于 2 min，且拌和均匀，颜色一致。

（4）砂浆应随拌随用，常温下拌好的砂浆应在拌成后 3～4 h 内用完，当气温超过 30℃ 时，应在拌成后 2～3 h 内使用完毕。对掺有缓凝剂的砂浆，其使用时间应视具体情况适当延长。

（5）当砌筑砂浆出现泌水现象时，应在砌筑前再次拌和。

（6）砂浆试块：每一检验批且不超过 250 m³ 砌体的各种类型及强度等级的砌筑砂浆，每台搅拌机至少做一组试块（一组 6 块）。砂浆强度等级或配合比变化时，应另做试块。

4）组砌方法。

砌体一般采用一顺一丁、梅花丁或三顺一丁砌法。

5）排砖撂底。

一般外墙第一层砖撂底时，两山墙排丁砖，前后檐纵墙排条砖。根据弹好的门窗洞口位置线，认真核对窗间墙、垛尺寸及位置是否符合排砖模数，如不符合模数时，可在征得设计方同意的条件下将门窗的位置左右移动，使之符合排砖的要求。若有破活，七分头或丁砖应排在窗口中间、附墙垛或其他不明显的部位。移动门窗口位置时，应注意暖卫立管安装及门窗开启时不受影响。另外，排砖还要考虑在门窗口上边的砖墙合拢时也不出现破活。

6）盘角。

砌砖前应先盘角，每次盘角不要超过五层。新盘的大角及时进行吊、靠。如有偏差要及时修整。盘角时要仔细对照皮数杆的砖层和标高，控制好灰缝大小，使水平灰缝均匀一致。大角盘好后再复查一次，平整度和垂直度完全符合要求后,再挂线砌墙。

7)挂线。

砌筑一砖半墙必须双面挂线,如果为长墙,几个人均使用一根通线,中间应设几个小支点,小线要拉紧,每层砖都要穿线看平,使水平缝均匀一致,平直通顺。砌一砖厚混水墙时宜采用外手挂线。

8)砌筑。

(1)砖墙的转角处,每皮砖的外角应加砌七分头砖。当采用一顺一丁砌筑形式时,七分头砖的顺面方向依次砌顺砖,丁面方向依次砌丁砖(图4-8)。

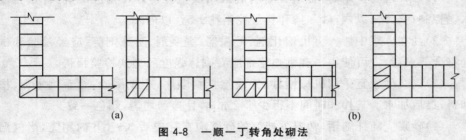

(a)                                                    (b)

**图 4-8 一顺一丁转角处砌法**

(a)一砖墙转角;(b)一砖半墙转角

(2)砖墙的丁字交接处,横墙的端头皮加砌七分头砖,纵横隔皮砌通。当采用一顺一丁砌筑形式时,七分头砖丁面方向依次砌丁砖(图4-9)。

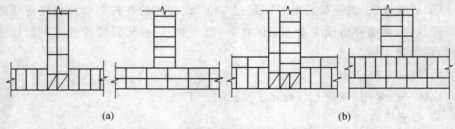

(a)                                                    (b)

**图 4-9 一顺一丁的丁字交接处砌法**

(a)一砖墙 T 字接;(b)一砖半墙 T 字接

(3)砖墙的十字交接处,应隔皮纵横墙砌通,交接处内角的竖缝应上下相互错开 1/4 砖长(图4-10)。

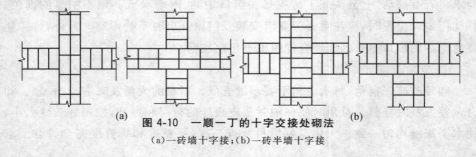

(a)                  **图 4-10 一顺一丁的十字交接处砌法**                  (b)

(a)一砖墙十字接;(b)一砖半墙十字接

（4）宽度小于 1 m 的窗间墙,应选用整砖砌筑,半砖和破损的砖应分散使用在受力较小的砖墙,小于 1/4 砖块体积的碎砖不能使用。

（5）砌砖工程当采用铺浆法砌筑时,铺浆长度不得超过 750 mm。施工期间气温超过 30℃时,铺浆长度不得超过 500 mm。

7）留槎。

外墙转角处应同时砌筑,隔墙与承重墙不能同时砌筑又留成斜槎时,可于承重墙中引出凸槎,并在承重墙的水平灰缝中预埋拉结筋。斜槎水平投影长度不应小于高度的 2/3,槎子必须平直、通顺。拉结筋每道墙不得少于 2 根。

8）门窗洞口。

门窗洞口侧面木砖预埋时应小头在外,大头在内,木砖要提前做好防腐处理。木砖数量按洞口高度决定。洞口高度在 1.2 m 以内时,每边放 2 块;洞口高度1.2～2 m,每边放 3 块;洞口高度 2～3 m,每边放 4 块。预埋木砖的部位上下一般距洞口上边或下边各四皮砖,中间均匀分布。

## 3. 多孔砖墙体施工要点

1）多孔砖砌体排砖方法。

目前,北京和华北地区、西北地区多孔砖有 KP1（P 型）多孔砖和模数（DM型或 M 型）多孔砖两大类。KP1 多孔砖的长、宽尺寸与普通砖相同,仅每块砖高度增加到 90 mm,所以在使用上更接近普通砖。普通砖砌体结构体系的模式和方法在 KP1 多孔砖工程中都可沿用,这里不再介绍。模数多孔砖在推进建筑产品规范化、提高效益等方面有更多的优势,工程中可根据实际情况选用。模数多孔砖砌体工程有其特定的排砖方法。

（1）模数多孔砖砌体排砖方案。

不同尺寸的砌体用不同型号的模数多孔砖砌筑。砌体长度和厚度以 50 mm（1/2M）进级,即 90 mm、140 mm、190 mm、240 mm、340 mm 等（表 4-8、表4-9）,高度以 100 mm(1M)进级（均含灰缝 10 mm）。个别边角不足整砖的部位用砍配砖 DMP 或锯切 DM4、DM3 填补。挑砖挑出长度不大于 50 mm。

表 4-8 模数多孔砖砌体厚度进级及砌筑方案 （单位:mm）

| 模数 | 1M | $1\frac{1}{2}$M | 2M | $2\frac{1}{2}$M | 3M | $3\frac{1}{2}$M | 4M |
|---|---|---|---|---|---|---|---|
| 墙厚 | 90 | 140 | 190 | 240 | 290 | 340 | 390 |
| 1 方案 | DM4 | DM3 | DM2 | DM1 | DM2+DM4 | DM1+DM4 | DM1+DM3 |
| 2 方案 | | | | DM3+DM4 | | DM2+DM3 | |

注:推荐 1 方案。190 mm 厚内墙亦可用 DM1 砌筑。

表 4-9　模数多孔砖砌体长度尺寸进级表　　　　（单位：mm）

| 模数 | $\frac{1}{2}$M | 1M | $1\frac{1}{2}$M | 2M | $2\frac{1}{2}$M | 3M | $3\frac{1}{2}$M | 4M | $4\frac{1}{2}$M | 5M |
|---|---|---|---|---|---|---|---|---|---|---|
| 砌体 | | 90 | 140 | 190 | 240 | 290 | 340 | 390 | 440 | 490 |
| 中-中或墙垛 | 50 | 100 | 150 | 200 | 250 | 300 | 350 | 400 | 450 | 500 |
| 砌口 | 60 | 110 | 160 | 210 | 260 | 310 | 360 | 410 | 460 | 510 |

（2）模数多孔砖排砖方法。

模数多孔砖排砖重点在于 340 墙体和节点。

① 墙体。本书排砖以 340 外墙、240 内墙、90 隔墙的工程为模式。其中，340 墙体用两种砖组合砌筑，其余各用一种砖砌筑。

② 排砖原则。"内外搭砌、上下错缝、长边向外、减少零头"。上、下两皮砖错缝一般为 100 mm，个别不小于 50 mm。内外两皮砖搭砌一般为 140 mm、90 mm，个别不小于 40 mm。在构造柱、墙体交接转角部位，会出现少量边角空缺，需砍配砖 DMP 或锯切 DM4、DM3 填补。

（3）平面排砖。

① 从角排起，延伸推进。以构造柱及墙体交接部位为节点，两节点之间墙体为一个自然段，自然段按常规排法，节点按节点排法。

② 外墙砖顺砌。即长度边（190 mm）向外，个别节点部位补缺可扭转 90°，但不得横卧使用（即孔方向必须垂直）。

③ 为避免通缝，340 外墙楼层第一皮砖将 DM1 砖放在外侧。

（4）竖向排砖。

首层首皮从 -100 m、楼层从建筑楼面标高处起步，每皮高 100 mm，一般墙体每两皮一循环，构造柱部位有马牙槎进退，故四皮一循环。

（5）排砖调整。

340 外墙遇以下情况，需做一定的排砖调整。

① 凸形外山墙段，一般需插入一组长 140 mm 调整砖。

② 外墙中段对称轴处为内外墙交接部位，以 E 类节点调整。

③ 凸形、凹形、中央楼梯间外墙段，中心对称轴部位为窗口，两侧在阳角、阴角及窗口上下墙处插入不等长的调整砖。

（6）门窗洞口排砖要求。

洞口两侧排砖均应取整砖或半砖，即长 190 mm 或 90 mm，不可出现 3/4 或 1/4 砖，即长 140 mm 或 40 mm 砖。

（7）外门窗洞口排砖方法。

340 mm 或 240 mm 外墙门窗洞口如设在房间开间的中心位置，需结合实际排砖情况，向左或向右偏移 25 mm，以保证门窗洞口两侧为整砖或半砖，但调整后两侧段洞口边至轴线之差不得大于 50 mm。

（8）窗下暖气槽排砖方法。

340 墙体窗下暖气槽收进 150 mm，厚 190 mm，用 DM2 砌筑，槽口两侧对应窗洞口各收进 50 mm。

（9）340 外墙减少零头方法。

① 在适当的部位，可用横排 DM1 砖以减少零头；

② 遇 40 mm×40 mm 的空缺可填混凝土或砂浆；

③ 在构造柱马牙槎放槎合适位置，可用整砖压进 40 mm×40 mm 的一角以减少零头。

（10）排砖设计与施工步骤。

① 设计人员应熟悉和掌握模数多孔砖的排砖原理和方法，以指导施工。在施工图设计阶段，建筑专业设计人员宜绘制排砖平面图（1∶20 或 1∶30），并以此最后确定墙体及洞口的细部尺寸。

② 施工人员应熟悉和掌握模数多孔砖排砖的原则和方法，在接到施工图纸后，即应按照排砖规则进行排砖放样，以确定施工方案，统计不同砖型的数量编制采购计划。

③ 在首层±0.000 墙体砌筑施工开始之前，应进行现场实地排砖。根据放线尺寸，逐块排满第一皮砖并确认妥善无误后，再正式开始砌。如发现有与设计不符之处，应与设计单位协商解决后方可施工。

2）多孔砖墙体施工。

（1）润砖。

常温施工时，多孔砖在砌筑前 1～2 d 浇水湿润。砌筑时，砖的含水率宜控制在 10%～15%，一般当水浸入砖四周 15～20 mm，含水率即满足要求。不得用干砖上墙。

（2）确定组砌方法。

砌体应上下错缝、内外搭砌，宜采用一顺一丁、梅花丁或三顺一丁砌筑形式。

（3）选砖和排砖。

① 选砖：砌清水墙、柱用的多孔砖应选择边角整齐，无弯曲、无裂纹，色泽均匀，敲击时声音响亮，规格基本一致的砖。

② 排砖撂底：依据墙体线、门窗洞口线及相应控制线，按排砖图在工作面试排。一般外墙第一层砖撂底时，两山排丁砖，前后檐纵墙排条砖。窗间墙、垛尺寸如不符合模数，可将门窗洞口的位置左右移动（≤60 mm）。如有"破活"时，七分头或丁砖应排在窗口中间、附墙垛或其他不明显部位。移动门窗口位置时，应注意不要影响暖卫立管安装和门窗的开启。排砖应考虑门窗洞口上边的砖墙合拢时不出现"破活"。后檐墙排第一皮砖时，要考虑甩窗口后砌条砖，窗角上必须

是七分头,墙面单丁才是"好活"。

(4)拌制砂浆。

参见本节"普通砖墙体施工要点"相关内容。

(5)砌筑墙体。

① 盘角。

砌砖应先盘大角。每次盘角不应超过五层,新盘大角要及时进行吊、靠,如有偏差应及时修整。要仔细对照皮数杆砖层和标高,控制水平灰缝均匀一致。大角盘好后,复查平整和垂直完全符合要求,再进行挂线砌筑。

② 砌砖。

a. 挂线:砌筑一砖厚混水墙时,采用外手挂线;砌筑一砖半墙必须双面挂线;砌长墙多人使用一根通线时,中间应设几个支点,小线要拉紧,每层砖都要穿线看平,使水平灰缝均匀一致,平直通顺。遇刮风时,应防止挂线成弧状。

b. 砌砖:砌筑墙体时,多孔砖的孔洞应垂直于受压面,砌筑前应试摆,砖要放平跟线。

c. 对抗震地区砌砖宜采用一铲灰、一块砖、一挤揉的"三一"砌砖法,即满铺、满挤操作法。对非抗震地区,除采用"三一"砌砖法外,也可采用铺浆法砌筑,铺浆长度不得超过 500 mm。

d. 砌体灰缝应横平竖直。水平灰缝厚度和竖向灰缝宽度宜为 10 mm,但不应小于 8 mm,也不应大于 12 mm。砌体灰缝砂浆应饱满,水平灰缝的砂浆饱满度不得低于 80%;竖向灰缝宜采用加浆填灌的方法,严禁用水冲浆灌缝。竖向灰缝不得出现透明缝、瞎缝和假缝。

e. 砌清水墙应随砌随刮去挤出灰缝的砂浆,等灰缝砂浆达到"指纹硬化"(手指压出清晰指纹而砂浆不粘手)时即可进行划缝,划缝深度为 8~10 mm,深浅一致,墙面清扫干净。砌混水墙应随砌随将舌头灰刮尽。

f. 砌筑过程中要认真进行自检。砌完基础或每一楼层后,应校核砌体的轴线和标高;对砌体垂直度应随时检查。如发现有偏差超过允许范围,应随时纠正,严禁事后砸墙。

g. 砌体相邻工作段的高度差,不得超过一层楼的高度,也不宜大于 3.6 m。临时间断处的高度差,不得超过一步脚手架的高度。工作段的分段位置宜设在伸缩缝、沉降缝、防震缝构造柱或门窗洞口处。

h. 常温条件下,每日砌筑高度应控制在 1.4 m 以内。

i. 隔墙顶应用立砖斜砌挤紧。

③ 木砖预留和墙体拉结筋。

a. 木砖应提前做好防腐处理。预埋木砖应小头在外、大头在内,数量按洞口高度决定。洞口高在 1.2 m 以内,每边放 2 块;高 1.2~2 m,每边放 3 块;高

$2\sim3$ m，每边放 4 块。木砖位置一般在距洞口上边或下边三皮砖，中间均匀分布。

b. 钢门窗、暖卫管道、硬架支模等的预留孔，均应在砌筑时按设计要求预留，不得事后剔凿。

c. 墙体拉结筋的长度、形状、位置、规格、数量、间距等均应按设计要求留置，不得错放、漏放。

④ 留槎。

a. 外墙转角处应双向同时砌筑。内外墙交接处必须留斜槎，斜槎水平投影长度不应小于高度的 2/3，留槎必须平直、通顺，见图 4-11。

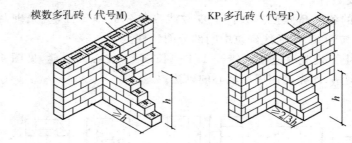

模数多孔砖（代号M）　　　KP₁多孔砖（代号P）

**图 4-11　多孔砖斜砌**

b. 非承重墙与承重墙或柱不同时砌筑时，可留阳槎加设预埋拉结筋。拉结筋沿墙高按设计要求或每 500 mm 预埋 2φ6 钢筋，其埋入长度从留槎处算起，每边不小于 1000 mm，末端加 90°弯钩。

c. 施工洞口留阳槎也应按上述要求设水平拉结筋。

d. 留槎处继续砌砖时，应将其浇水，充分湿润后方可砌筑。

⑤ 过梁、梁垫的安装。

a. 安装过梁、梁垫时，其标高、位置、型号必须准确，坐浆饱满。坐浆厚度大于 20 mm 时，要铺垫细石混凝土。当墙中有圈梁时，梁垫应和圈梁浇筑成整体。

b. 过梁两端支承长度应一致。

c. 所有大于 400 mm 宽的洞口均应按设计加过梁，小于 400 mm 的洞口可加设钢筋砖过梁。

⑥ 构造柱做法。

a. 设置构造柱的墙体，应先砌墙，后浇混凝土。砌砖时，与构造柱连接处应砌成马牙槎，每个马牙槎沿高度方向的尺寸不宜超过 300 mm，马牙槎应先退后进，构造柱应有外露面。

b. 柱与墙拉结筋应按设计要求放置，设计无要求时，一般沿墙高 500 mm，每 120 mm 厚墙设置一根φ6 的水平拉结筋，每边深入墙内不应小于 1000 mm。

⑦ 勾缝。

a. 墙面勾缝应横平竖直,深浅一致,搭接平顺。

b. 清水砖墙勾缝应采用加浆勾缝,并宜采用细砂拌制的 1:1.5 水泥砂浆。当勾缝为凹缝时,凹缝深度宜为 4~5 mm。

c. 混水砖墙宜用原浆勾缝,但必须随砌随勾,并使灰缝光滑密实。

## 4. 普通砖柱与砖垛施工要点

1) 砌筑前应在柱的位置近旁立皮数杆。成排同断面的砖柱可仅在两端的砖柱近旁立皮数杆。

2) 砖柱的各皮高低按皮数杆上皮数线砌筑。成排砖柱,可先砌两端的砖柱,然后逐皮拉通线,依通线砌筑中间部分的砖柱。

3) 柱面上下皮竖缝应相互错开 1/4 砖长以上,柱心无通缝,见图 4-12。严禁采用包心砌法,即先砌四周后填心的砌法。

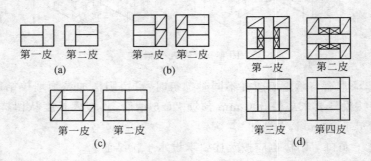

第一皮 第二皮
(a)

第一皮 第二皮
(b)

第一皮 第二皮

第三皮 第四皮
(d)

图 4-12 矩形柱砌法

(a)240 mm×365 mm 砖柱;(b)365 mm×365 mm 砖柱;(c)365 mm×490 mm;

(d)490 mm×490 mm 砖柱

4) 砖垛砌筑时,墙与垛应同时砌筑,不能先砌墙后砌垛或先砌垛后砌墙,其他砌筑要点与砖墙、砖柱相同。图 4-13 所示为一砖墙附有不同尺寸砖垛的分皮砌法。

5) 砖垛应隔皮与砖墙搭砌,搭砌长度应不小于 1/4 砖长,砖垛外表上、下皮垂直灰缝应相互错开 1/2 砖长。

## 5. 砖拱、过梁、檐口施工要点

1) 砖平拱。

应用强度等级不低于 MU7.5 的砖与不低于 M5.0 的砂浆砌筑。砌筑时,在拱脚两边的墙端砌成斜面,斜面的斜度为 1/5~1/4,拱脚下面应伸入墙内不小

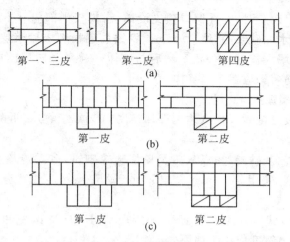

图 4-13　一砖墙附砖垛分皮砌法

(a)1 砖墙附 365 mm×365 mm 砖垛;(b)1 砖墙附 365 mm×490 mm 砖垛;

(c)1 砖墙附 490 mm×490 mm 砖垛

于 20 mm。在拱底处支设模板,模板中部应有 1‰ 的起拱。在模板上划出砖及灰缝位置及宽度,务必使砖的块数为单数。采用满刀灰法,从两边对称向中间砌,每块砖要对准模板上划线,正中一块应挤紧。竖向灰缝是上宽下窄成楔形,在拱底灰缝宽度应不小于 5 mm,在拱顶灰缝宽度应不大于 15 mm。

2)砖弧拱。

砌筑时,模板应按设计要求做成圆弧形。砌筑时应从两边对称向中间砌。灰缝成放射状,上宽下窄,拱底灰缝宽度不宜小于 5 mm,拱顶灰缝宽度不宜大于 25 mm。也可用加工好的楔形砖来砌,此时灰缝宽度应上下一样,控制在8～10 mm。

3)钢筋砖过梁。

采用的砖的强度应不低于 MU7.5,砌筑砂浆强度不低于 M2.5,砌筑形式与墙体一样,宜用一顺一丁或梅花丁。钢筋配置按设计而定,埋钢筋的砂浆层厚度不宜小于 30 mm,钢筋两端弯成直角钩,伸入墙内长度不小于 240 mm(图4-14)。

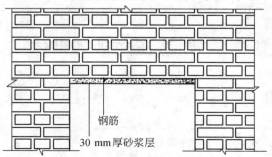

钢筋

30 mm 厚砂浆层

图 4-14　钢筋砖过梁

钢筋砖过梁砌筑时,先在洞口顶支设模板,模板中部应有 1‰ 的起拱。在模板上铺设 1:3 水泥砂浆层,厚 30 mm。将钢筋逐根埋入砂浆层中,钢筋弯钩要向上,两头伸入墙内长度应一致。然后与墙体一起平砌砖层。钢筋上的第一皮砖应丁砌。钢筋弯钩应置于竖缝内。

4)过梁底模板拆除。

过梁底模板应待砂浆强度达到设计强度 50% 以上,方可拆除。

5)砖挑檐。

可用普通砖、灰砂砖、粉煤灰砖及免烧砖等砌筑,多孔砖及空心砖不得砌挑檐。砖的规格宜采用 240 mm×115 mm×53 mm。砂浆强度等级应不低于 M5.0。

无论哪种形式,挑层的下面一皮砖应为丁砌,挑出宽度每次应不大于 60 mm,总的挑出宽度应小于墙厚。

砖挑檐砌筑时,应选用边角整齐、规格一致的整砖。先砌挑檐两头,然后在挑檐外侧每一层底角处拉准线,依线逐层砌中间部分。每皮砖要先砌里侧后砌外侧,上皮砖要压住下皮挑出砖,才能砌上皮挑出砖。水平灰缝宜使挑檐外侧稍厚,里侧稍薄。灰缝宽度控制在 8~10 mm 范围内。竖向灰缝砂浆应饱满,灰缝宽度控制在 10 mm 左右。

## 6. 清水砖墙面勾缝施工要点

1)勾缝前清除墙面黏结的砂浆、泥浆和杂物,并洒水湿润。脚手眼内也应清理干净,洒水湿润,并用与原墙相同的砖补砌严密。

2)墙面勾缝应采用加浆勾缝,宜用细砂拌制的 1:1.5 水泥砂浆。砖内墙也可采用原浆勾缝,但必须随砌随勾缝,并使灰缝光滑密实。

3)砖墙勾缝宜采用凹缝或平缝,凹缝深度一般为 4~5 mm。

4)墙面勾缝应横平竖直、深浅一致、搭接平整并压实抹光,不得出现丢缝、开裂和黏结不牢等现象。

5)勾缝完毕应清扫墙面。

# 四、蒸压粉煤灰砖、蒸压灰砂砖砌体

## 1. 施工作业条件要求

1)完成室外及房心回填土,安装好沟盖板。

2)办完地基、基础工程隐检手续。

3)按标高抹好水泥砂浆防潮层。

4）弹好轴线、墙身线,根据进场砖的实际规格尺寸,弹出门窗洞口位置线,经验线符合设计要求,办完检验手续。

5）按设计标高要求立好皮数杆,皮数杆的间距以 15～20 m 为宜。

6）砂浆由试验室做好试配,准备好砂浆试模(6 块为一组)。

## 2. 砖墙砌筑要点

1）组砌方法。

砌体一般采用一顺一丁(满丁、满条)排砖法、梅花丁或三顺一丁砌法。砖柱不得采用先砌四周后填心的包心砌法。每层一砖横墙的最上一皮砖应整砖丁砌。

2）排砖摞底(干摆砖)。

一般外墙一层砖摞底时,两山墙排下砖,前后檐纵墙排条砖。根据弹好的门窗洞口位置线,认真核对间墙、垛尺寸,按其长度排砖。窗口尺寸不符合排砖好活的时候,可以适当移动。七分头或丁砖应排在窗口中间、附墙垛或其他不明显的部位。排砖时必须做全盘考虑,前后檐墙排一皮砖时,要考虑甩窗口后砌条砖,窗角上应砌七分头砖。

3）选砖。

砌清水墙应选择棱角整齐,无弯曲、裂纹,颜色均匀,规格基本一致的砖。

4）盘角。

砌砖前应先盘角,每次盘角不要超过五层。新盘的大角及时进行吊、靠。如有偏差要及时修整。盘角时要仔细对照皮数杆的砖层和标高,控制好灰缝大小,使水平灰缝均匀一致。大角盘好后再复查一次,平整和垂直度完全符合要求后,再挂线砌墙。

5）挂线。

砌筑 370 mm 墙必须双面挂线。如墙长度较大,几个人使用一根通线,中间应设支点(腰线),小线要拉紧,每皮砖都要穿线,检查小线是否拉平、拉直,以保证水平灰缝均匀一致,平面通顺。砌 240 mm 混水墙时宜采用外手挂线,便于照顾砖墙两面平整。

6）砌砖。

砌砖应采用一铲灰、一块砖、一挤揉的"三一"砌砖法,即满铺、满挤操作法。砌砖时砖要放平。里手高,墙面就要张;里手低,墙面就要背。砌砖一定要跟线,"上跟线,下跟棱,左右相邻要对平"。水平灰缝厚度和竖向灰缝宽度一般为 10 mm,但不应小于 9 mm,也不应大于 11 mm。为保证清水墙面主缝垂直,不游丁走缝,当砌完一步架高时,宜每隔 2 m 水平间距,在丁砖立楞位置弹两道垂直立线,可以分段控制游丁走缝。在操作过程中,要认真进行自检,如出现偏差,应随时纠正,严禁事后砸墙。清水墙不允许有三分头,不得在上部任意变活、乱缝。砌筑砂浆应随搅拌随使用,一般水泥砂浆必须在 3 h 内用完,水泥混合砂浆必须在 4 h 内用完。砌清水墙应随砌、随划缝,划缝深度为 8～10 mm,深浅一致,墙面清扫干净。混水墙应随砌随将舌头灰刮尽。

7) 墙体留槎。

砌体的转角处和交接处应同时砌筑,严禁无可靠措施的内外墙分砌施工。对不能同时砌筑而又必须留置的临时间断处应砌成斜槎,斜槎的水平投影长度不应小于高度的 2/3。槎子必须平直通顺,见图 4-15。当不能留斜槎时,若抗震设防烈度低于 8 度,除大角外,可留置直槎,但必须砌成凸槎,并加设拉结钢筋。拉结钢筋数量为每 120 mm 厚墙用 1ϕ6 钢筋(240 mm 厚墙用 2ϕ6 钢筋),间距沿墙高不超过 500 mm;埋入长度从留槎处算起每边不小于 500 mm,对抗震设防的地区,不应小于 1000 mm,且钢筋末端应做 90°弯钩,见图 4-16。施工洞口也应按以上要求留水平拉结钢筋,不应漏放、错放。

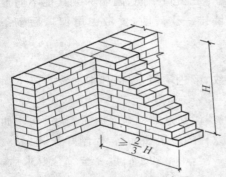

图 4-15　砖砌体斜槎示意图

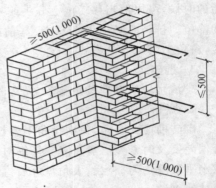

图 4-16　砖砌体直槎拉结筋示意图

8) 木砖预埋。

木砖预埋时应小头在外,大头在内,数量按门窗洞口高度决定。洞口高度在 1.2 m 以内,每边放 2 块;高度在 1.2～2 m,每边放 3 块;高度在 2～3 m,每边放 4 块。预埋木砖的部位一般在洞口上边或下边四皮砖,中间均匀摆放。水、电管道设备等留洞,应按设计要求与土建配合进行预留、预埋,不得事后剔凿。

## 3. 构造柱施工要点

应按设计要求的断面和配筋施工。按设计图纸将构造柱位置弹线找准,并绑好柱内主筋和箍筋。砌砖时,与构造柱连接处砌成大马牙槎,大马牙槎应先退后进,每一个大马牙槎沿高度方向不宜超过五皮砖(300 mm),并应沿墙高每隔

500 mm 设 2φ6 拉结钢筋,每边伸入墙内不宜小于 1000 mm。构造柱与圈梁连接处,构造柱的纵筋应穿过圈梁主筋,保证构造柱纵筋上下贯通。构造柱马牙槎上落的砂浆和柱底的散落砂浆、砖块等杂物清理干净。

### 4. 框架填充墙砌筑施工要点

用蒸压灰砂砖、蒸压粉煤灰砖砌框架填充墙时,应先按设计要求检查预留(后焊)拉结筋的数量和质量,并按层高弹出皮数杆。采用"三一"砌砖法砌筑,在砌至框架梁下时,墙顶应用立砖斜砌挤紧,防止平砌挤不实。

### 5. 施工洞口留设施工要点

洞口侧边离交接处墙面不应小于 500 mm,洞口净宽度不应超过 1 m。施工洞口可留直槎,但直槎必须设成凸槎,并须加设拉结钢筋。拉结钢筋的数量为每 240 mm 墙厚放置 2φ6 拉结钢筋,墙厚度每增加 120 mm 增加 1φ6 拉结钢筋,间距沿墙高不应超过 500 mm;埋入长度从留槎处算起每边均不应小于 1000 mm;末端应有 90°弯钩。

## 五、砖(块)地面铺砌工程

### 1. 施工工艺流程

准备工作→拌制砂浆→排砖组砌→铺地砖→养护,最后清扫干净。

### 2. 铺筑准备工作

(1) 做好材料进场材质的检查验收工作。验收时凡是有裂缝、掉角和表面有缺陷的板块,应予剔出或放在次要部位使用。品种不同的地面砖不能混杂使用。

(2) 铺设前,要先将基层清理、冲洗干净,使基层达到湿润。砖面层铺设在砂结合层上之前,砂垫层结合层应洒水压实,并用刮尺刮平。如砖面层铺设在砂浆结合层上,应先找好规矩,并按地面标高留出地面砖的厚度贴灰饼,拉基准线每隔 1 m 左右冲筋一道,然后刮素水泥浆一道,用 1:3 水泥砂浆打底找平,砂浆稠度控制在 3 cm 左右。找平层铺好后,待收水即用刮尺板刮平整,再用木抹子搓平整。对厕所、浴室的地面,应由四周向地漏方向找好坡度。铺时有的要在找平层上弹出十字中心线,四周墙上弹出水平标高线。

(3) 制备砂浆。地面砖铺筑砂浆,当用于烧结普通砖、缸砖地面的铺筑时,可用 1:2 或 1:2.5 水泥砂浆(体积比),稠度 2.5~3.5 cm;

断面较大的水泥砖可采用 1∶3 干硬性水泥砂浆(体积比),以手握成团,落地开花为准;预制混凝土块黏结层,一般采用 M5.0 水泥混合砂浆;用于作路面 25 cm×25 cm 水泥方格砖的铺砌,可采用 1∶3 白灰干硬性砂浆(体积比),以手握成团,落地开花为准。

**3. 排砖形式**

地面砖面层一般根据砖的不同采用不同的排砌方法。烧结普通砖的铺砌形式有直缝式、席纹式、人字式等,见图 4-17。散水排砖形式见图 4-18。

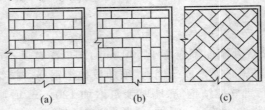

(a)          (b)          (c)

**图 4-17    烧结普通砖铺地形式**

(a)直缝式;(b)席纹式;(c)人字式

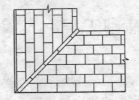

**图 4-18    散水排砖**

**4. 烧结普通砖、缸砖及水泥砖的铺筑要点**

1) 在砂结合层上铺筑。

(1) 按设计要求进行预排砖。如在室内,首先应沿墙定出十字中心线,由中心向两边预排砖试铺;如铺筑室外道路,应在道路两头各砌一排砖找平,以此作为标筋,然后先铺好边角斗砖,再码砌路面。

(2) 在找平层上铺一层 15~20 mm 厚的砂子,并洒水压实,用刮尺找平,按标筋架线,随铺随砌筑。砌筑时上楞跟线以保证地面和路面平整,其缝隙宽度不大于 2 mm,并用木锤将砖块敲实。

(3) 填缝前应适当洒水并将砖拍实整平。填缝可用细砂、水泥砂浆。用砂填缝时,可先用砂撒于路面上,再用扫帚扫入缝中。用水泥砂浆填缝时,应预先用砂填缝至一半的高度,再用水泥砂浆填缝扫平。

2) 在水泥或石灰砂浆结合层上铺筑。

(1) 在房间纵横两个方向排好尺寸,缝宽以不大于 1 cm 为宜。当尺寸不足整块砖的位数时,可裁割半块砖用于边角处;尺寸相差较小时,可调整缝隙。根据确定后的砖数和缝宽,在地面上弹纵横控制线,约每隔 4 块砖弹 1 根控制线,并严格控制方正。

(2) 从门口开始,纵向先铺几行砖,找好规矩(位置及标高),以此为标筋,从里面向外退着铺砖,每块砖要跟线。铺砌时,先在基层涂水泥浆,砖的背面抹铺砂浆,厚度不小于 10 mm,然后将抹好灰的砖码砌到基层上。砖上楞要跟线,用木锤敲实铺平。铺好后再拉线拨缝修正,清除多余砂浆。

(3) 铺砌后用 1∶1 水泥砂浆勾缝,要求勾缝密实,缝内平整光滑,深浅一致。

采用满铺满砌时,在敲实修正好的面砖上撒干水泥面,并用水壶浇水,用扫帚将水泥浆扫入缝内,将其灌满并及时用拍板拍振,将水泥浆灌实,最后用干锯末扫净,同时修正高低不平的砖块。

铺完面砖后,在常温下放锯末浇水养护 48 h。3 d 内不准上人,整个操作过程应连续完成,避免重复施工,影响已贴好的砖面。

3) 混凝土块板铺筑要点。

(1) 铺砌前,如道路两侧有路边石(俗称"路牙子"),应找线、挖槽,埋设混凝土路边石,其上口要找平,找直。道路两头按坡度走向要求各砌一排预制混凝土块找准,并以此作为标筋,码砌道路全部预制混凝土块。

(2) 在已打好的灰土垫层上铺一层 2.5 cm 厚的 M5 水泥混合砂浆,随铺浆、随码砌。上楞跟线以保证路面的平整,其缝宽不应大于 6 mm,并用木锤将预制混凝土块敲实,同时将路边石培土保护,缝隙用细干砂填充。

路面预制混凝土板块铺完后应养护 3 d,在此期间不准上人、不准行车。

# 第五部分　砌块砌体工程

## 一、普通混凝土小型空心砌块砌筑

### 1. 普通混凝土小型空心砌块墙体砌筑要点

1）砌筑一般采用"披灰挤浆"，先用瓦刀在砌块底面的周肋上满披灰浆，铺灰长度不得超过 800 mm，再在待砌的砌块端头满披头灰，然后双手搬运砌块，进行挤浆砌筑。

2）小砌块墙体应对孔错缝搭砌，搭接长度不应小于 90 mm。不能满足要求时，灰缝中设置 2 根直径 6 mm 的 HPB235 钢筋；采用钢筋网片时，可采用直径 4 mm 的钢筋焊接而成。拉结钢筋或钢筋网片每端均应超过该垂直灰缝，其长度不得小于 300 mm。

（1）钢筋焊接网片布置，见图 5-1。

（2）钢筋焊接网片形式，见图 5-2、图 5-3。

（3）钢筋焊接网片连接，见图 5-4、图 5-5。

（4）灰缝钢筋含钢率见表 5-1。隔皮搭接长度按表 5-2 规定选用。

表 5-1　灰缝钢筋含钢率表

| 钢筋直径/mm | 4 | | 5 | | 6 | |
| --- | --- | --- | --- | --- | --- | --- |
| 竖向间距/mm | 200 | 400 | 200 | 400 | 200 | 400 |
| 含钢率 $\mu$（%） | 0.066 | 0.033 | 0.010 | 0.0051 | 0.015 | 0.0075 |

表 5-2　隔皮搭接长度表

| 钢筋直径/mm | 4 | 5 | 6 |
| --- | --- | --- | --- |
| $L_d$/mm | 600 | 650 | 700 |

注：① 表中搭接长度按 $h=200$ mm 计算，当 $h$ 为其他数值时应另行计算。

② 搭接长度范围内至少应有一个上下贯通的芯柱。

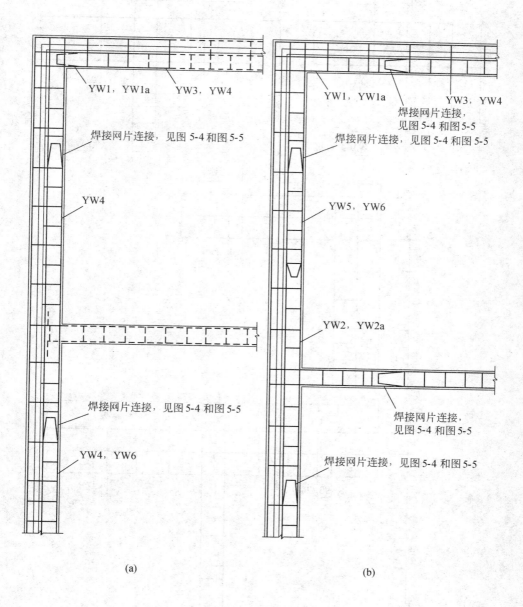

(a) (b)

**图 5-1 焊接网片布置**

(a)网片纵横向分皮布置;(b)网片纵横向同皮布置

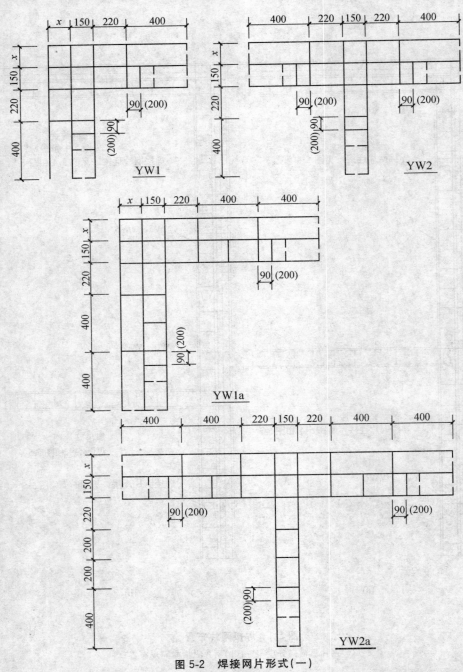

**图 5-2 焊接网片形式(一)**

注:当用于分皮搭接时,网片横筋间距采用括号内数字,且端部虚线为实线,即有横向钢筋。

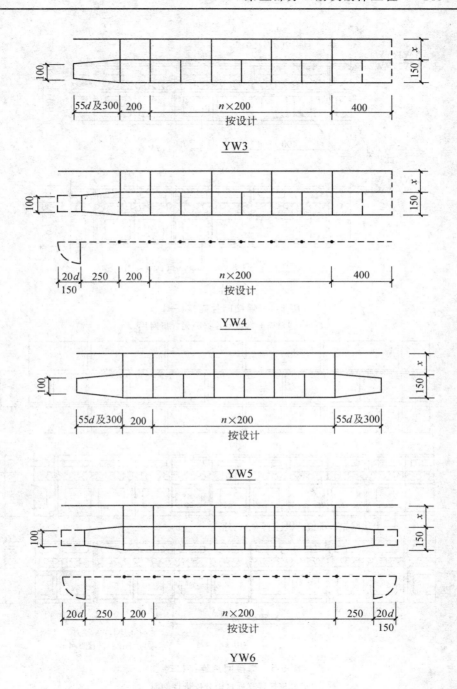

**图 5-3　焊接网片形式(二)**

注:图中尺寸 $x=95+\delta$,其中 $\delta$ 为保温层厚度。

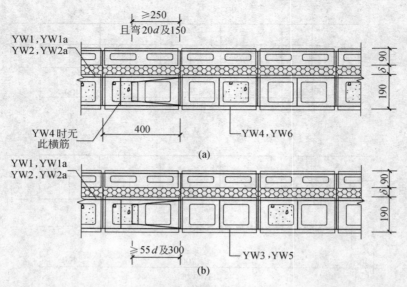

图 5-4  焊接网片连接(一)

(a)一侧端局部弯折网片;(b)无弯折网片

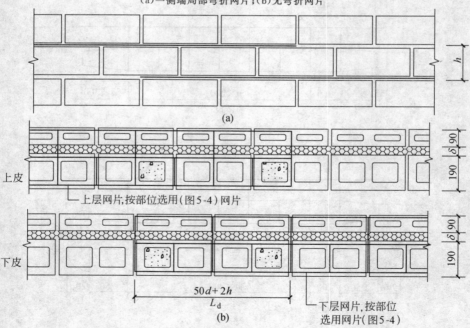

图 5-5  焊接网片连接(二)

(a)分皮搭接立面;(b)分皮搭接剖面

3）砌筑应尽量采用主规格砌块（T 字交接处和十字交接处等部位除外），用反砌法砌筑，从转角或定位处开始向一侧进行，内外墙同时砌筑，纵横墙交错搭接。外墙转角处应使小砌块隔皮露端面，见图 5-6。

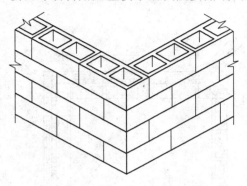
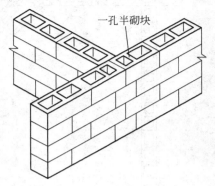

图 5-6　空心砌块墙转角砌法

注：为表示小砌块孔洞情况，图中将孔洞朝上绘制，砌筑时孔洞应朝下，以下图同。

图 5-7　混凝土空心砌块墙 T 字交接处砌法（无芯柱）

4）空心砌块墙的 T 字交接处，应隔皮使横墙砌块端面露头。当该处无芯柱时，应在纵墙上交接处砌两块一孔半的辅助规格砌块，隔皮砌在横墙露头砌块下，其半孔应位于中间（图 5-7）。当该处有芯柱时，应在纵墙上交接处砌一块三孔大规格砌块，砌块的中间孔正对横墙露头砌块靠外的孔洞（图 5-8）。

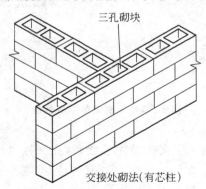

交接处砌法（有芯柱）

图 5-8　混凝土空心砌块墙 T 字交接处砌法（有芯柱）

5）结构平面非正交时，连接处可采用混凝土处理；根据受力情况，将节点处的 RC 构件设计成边缘构件。RC 墙体的水平钢筋、钢筋网可在 RC 柱处锚固或连接。非正交墙体的连接处理见图 5-9。

6）所有露端面用水泥砂浆抹平。

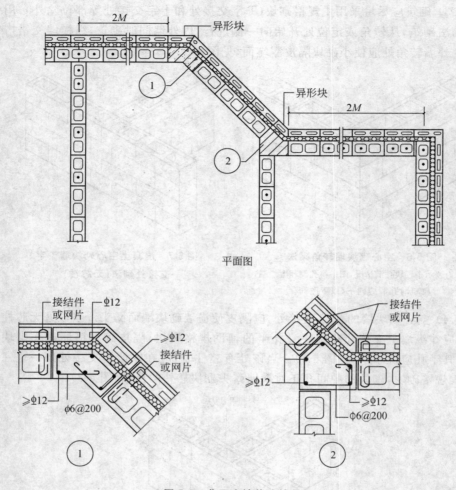

图 5-9　非正交墙体连接处理

7）当空心砌块墙的十字交接处无芯柱时，在交接处应砌一孔半砌块，隔皮相互垂直相交，其半孔应在中间。当该处有芯柱时，在交接处应砌三孔砌块，隔皮相互垂直相交，中间孔相互对正。

8）临时间断处应砌成斜槎，斜槎水平投影长度不应小于高度的 2/3。如留斜槎有困难，除外墙转角处及抗震设防地区、墙体临时间断处不应留直槎外，临时间断可从墙面伸出 200 mm 砌成直槎，并沿墙每隔三皮砖（600 mm）在水平灰缝设 2 根直径 6 mm 的拉结筋或钢筋网片；拉结筋埋入长度，从留槎处算起，每边均不应小于 600 mm，钢筋外露部分不得任意弯折（图 5-10）。

9）空心砌块墙临时洞口的处理：作为施工通道的临时洞口，其侧边离交接处的墙面不应小于 600 mm,并在顶部设过梁。填砌临时洞口的砌筑砂浆强度等级宜提高一级。

10) 脚手眼设置及处理:砌体内不宜设脚手眼,如必须设置时,可用190 mm×190 mm×190 mm 小砌块侧砌,利用其孔洞作脚手眼,砌体完工后用 C15 混凝土填实。脚手眼不得在下列墙体或部位留设:

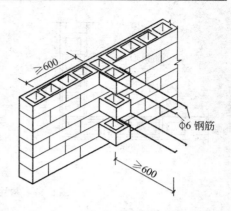

图 5-10 空心砌块墙直槎

(1) 120 mm 厚墙、料石清水墙和独立柱。

(2) 过梁上与过梁成 60°角的三角形范围及过梁净跨度 1/2 的高度范围内。

(3) 宽度小于 1 m 的窗间墙。

(4) 砌体门窗洞口两侧 200 mm(石砌体为 300 mm)和转角处 450 mm(石砌体为 600 mm)范围内。

(5) 梁或梁垫下及其左右 500 mm 范围内。

## 2. 芯柱施工要点

1) 芯柱设置要点:

(1) 在外墙转角、楼梯间四角的纵横墙交接处的三个孔洞,宜设置素混凝土芯柱。

(2) 五层及五层以上的房屋,应在上述部位设置钢筋混凝土芯柱。

2) 芯柱构造要求:

(1) 芯柱截面不宜小于 120 mm×120 mm,宜用不低于 C20 的细石混凝土浇筑。

(2) 钢筋混凝土芯柱每孔内插竖筋不应小于 1φ10,底部应伸入室内地面下 500 mm 或与基础梁锚固,顶部与屋盖圈梁锚固。

(3) 在钢筋混凝土芯柱处,沿墙高每隔 600 mm 应设φ4 钢筋网片拉结,每边伸入墙体不小于 600 mm(图 5-11)。

(4) 芯柱应沿房屋的全高贯通,并与各层圈梁整体现浇,可采用图 5-12 所示的做法。芯柱竖向插筋应贯通墙身且与圈梁连接,插筋不应小于 1φ12。芯柱应伸入室外地下 500 mm 或锚入小于 500 mm 基础圈梁内。芯柱混凝土应贯通楼板,当采用装配式钢筋混凝土楼板时,可采用图 5-13 的方式实施贯通措施。

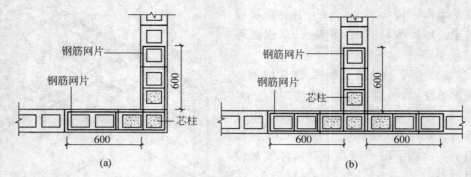

图 5-11　芯柱拉结钢筋网片设置

(a)转角处;(b)交接处

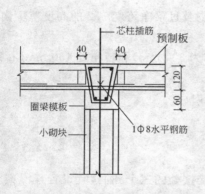

图 5-12　芯柱贯穿预制楼板的构造

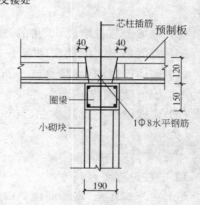

图 5-13　芯柱贯穿楼板措施

3)芯柱部位宜采用不封底的通孔小砌块,当采用半封底小砌块时,砌筑前必须打掉孔洞毛边。

4)在楼地面砌筑第一皮小砌块时,在芯柱部位,应用开口砌块(或 U 形砌块)砌出操作孔,在操作孔侧面宜用预留连通孔,必须清除芯柱孔内的杂物及削掉孔内凸出的砂浆,用水冲洗干净,校正钢筋位置并绑扎或焊接固定后,方可浇筑混凝土。

5)芯柱钢筋应与基础或基础梁中的预埋钢筋连接,上下楼层的钢筋可在楼板面上搭接,搭接长度应小于 $40d$($d$ 为钢筋直径)。

6)砌完一个楼层高度后,应连续浇筑芯柱混凝土。每浇筑 $400\sim500$ mm 高度捣实一次,或边浇筑边捣实。浇筑混凝土前,先注入适量水泥浆。严禁灌满一个楼层后再捣实,宜采用机械捣实。混凝土坍落度不应小于 50 mm。

7)芯柱与圈梁应整体现浇,如采用槽形小砌块作圈梁模壳时,其底部必须留出芯柱通过的孔洞。

8）楼板在芯柱部位应留缺口，保证芯柱贯通。

## 3. 芯柱混凝土的浇灌要点

1）芯柱混凝土宜选用专用小砌块灌孔混凝土。

浇灌芯柱混凝土应符合下列规定：

（1）每次连续浇筑的高度宜为半个楼层，但不应大于 1.8 m；

（2）浇灌芯柱混凝土时，砌筑砂浆强度应大于 1 MPa；

（3）清除孔内掉落的砂浆等杂物，并用水冲淋孔壁；

（4）浇灌芯柱混凝土前，应先注入适量与芯柱混凝土相同的去石砂浆；

（5）每浇灌 400～500 mm 高度捣实一次，或边浇灌边捣实。

2）芯柱混凝土浇灌质量控制措施。

芯柱混凝土宜选用专用小砌块灌孔混凝土和浇灌混凝土应符合的要求。为有效控制芯柱混凝土的浇灌质量，每次连续浇筑的高度宜为半个楼层，但不应大于 1.8 m。

3）专用小砌块灌孔混凝土施工要点。

所谓专用小砌块灌孔混凝土是指符合《混凝土砌块（砖）砌体用灌孔混凝土》（JC 861—2008）的专用混凝土，其技术要求见表 5-3。

表 5-3　专用小砌块灌孔混凝土技术要求

| 坍落度/mm | 泌水率（%） | 强度等级 | 3 d 龄期膨胀率（%） |
|---|---|---|---|
| 不宜小于 180 | 不宜大于 3.0 | Cb20、Cb25、Cb30、Cb35、Cb40 | 0.025～0.500 |

注：Cb20、Cb25、Cb30、Cb35、Cb40 相当于 C20、C25、C30、C35、C40 混凝土的抗压强度指标。

灌孔混凝土是保证混凝土砌块（砖）建筑整体工作性能、抗震性能、承受局部荷载的最主要的施工配套材料。专用灌孔混凝土通过掺加外加剂使其性能大大改善，特别是在其性能技术要求上有"泌水率"和"膨胀率"指标，不掺加外加剂的普通混凝土无法达到此要求。"膨胀率"指标的规定，保证了砌体不会出现芯柱与小砌块结合不良分离现象，有利于保证砌体结构的力学性能。灌孔混凝土使用材料及配合比如下：

采用材料：

（1）水泥为普通硅酸盐水泥或矿渣硅酸盐水泥。

（2）粗骨料为最大粒径不大于 16 mm 的卵石或碎石；细骨料宜采用中砂。

（3）掺和料为粉煤灰或其他掺和料。

（4）外加剂为减水剂、早强剂、促凝剂、缓凝剂、膨胀剂等。

配合比参见表 5-4。

表 5-4 灌孔混凝土参考配合比

| 强度等级 | 水泥强度等级 | 配 合 比 | | | | | |
|---|---|---|---|---|---|---|---|
| | | 水泥 | 粉煤灰 | 砂 | 碎石 | 外加剂 | 水灰比 |
| Cb20 | 32.5 | 1 | 0.18 | 2.63 | 3.63 | √ | 0.48 |
| Cb25 | 32.5 | 1 | 0.18 | 2.08 | 3.00 | √ | 0.45 |
| Cb30 | 32.5 | 1 | 0.18 | 1.66 | 2.49 | √ | 0.42 |
| Cb35 | 42.5 | 1 | 0.19 | 1.59 | 2.35 | √ | 0.47 |
| Cb40 | 42.5 | 1 | 0.19 | 1.16 | 1.68 | √ | 0.45 |

4）有关施工方法改进措施的建议。

鉴于芯柱混凝土浇捣不实和"断柱"现象常有发生,因此,在施工时应精心施工。根据工程实践经验,宜在施工方法上采取以下措施:

（1）设置多处检查孔。

为了芯柱的钢筋绑扎和芯柱底部的清扫,通常在芯柱的每一层楼标高处设置绑扎和清扫口,并借此绑扎和清扫口检查芯柱底部混凝土的浇筑情况。这对于方便施工和确保芯柱的施工质量会起到较好作用。但是,芯柱底部以上的混凝土却不能直观检查。对此,可以在芯柱不同高度位置增设侧面开口的异形小砌块,以便在芯柱混凝土浇捣、拆模后及时检查芯柱的质量,如发现问题,可以及时加以处理。

（2）计量浇筑芯柱混凝土。

芯柱混凝土浇筑量不足将会产生"断柱"和不密实现象。对此,宜采用计量浇筑芯柱混凝土方法。即在施工时,对欲浇筑混凝土的芯柱,根据其体积制作一同体积的料斗,当料斗内混凝土灌入芯柱后尚有多余,则可认定芯柱混凝土不实,应立即检查处理。一根芯柱混凝土每次的浇筑量可按下式计算(小砌块各孔大小相等条件下):

芯柱混凝土浇筑量＝芯柱占小砌块的孔洞面积×混凝土浇筑高度

（3）加强质量检查。

芯柱混凝土浇筑施工中,宜设专人检查混凝土的灌入量,认可后方可继续施工。同时,还应检查芯柱混凝土的灌实情况,具体方法可采用小锤敲击,根据声音是否异常予以判断,必要时可采用超声或钻孔法检测。

# 二、蒸压加气混凝土空心砌块砌筑

## 1. 蒸压加气混凝土砌块排列要点

1) 平面排块设计要点。

(1) 砌块长度。根据国内大部分生产厂的工艺,其产品长度尺寸均为 600 mm 一种规格,异形规格需与厂家协商进行加工生产,有个别工厂在工艺上可行,大部分工厂只能在工厂切锯或施工现场切锯。

(2) 砌块长度规格虽仅有一种,但由于其可自由切锯,所以从另一角度而言其规格尺寸可以多样化。如 600 mm 长砌块可加工成(300＋300)mm、(200＋400)mm、(150＋450)mm、(250＋350)mm 等规格,使平面排块具有很大灵活性。但在平面长度设计中规格不宜太多(一般主规格以 2~3 种为宜),应适当配置辅助规格,同时又要尽可能做到数量平衡。如当采用 450 mm 规格产品时,应设法将剩余的 150 mm 规格砌块用上,因 150 mm 除本身是一种规格产品外,经拼砌还可形成 300 mm、450 mm 等规格砌块。因此,平面长度设计一定要遵循"规格多样,数量平衡"这一原则,做到合理设计,经济用材。

(3) 砌块上下皮应错缝设计,搭接长度不宜小于块长的 1/3。

(4) 尽量避免设计 600 mm 以下的窗间墙,除非窗高较小(1.0 m 以下)或墙后有支承点(如框架结构中的柱,或混合结构中的横墙),否则稳定性差,施工也困难。

(5) 平面排块设计在建筑平面设计时应处理好建筑开间、进深以及门窗尺寸的模数如何与制品的模数协调,据此确定砌块的主要规格和辅助规格。

(6) 在混合结构中,当外墙有构造柱时,平面排块设计应根据构造柱之间的尺寸排块,先排窗下墙,后排窗间墙。窗间墙之间如不合模,在不影响使用功能的前提下,可调整窗户位置,构造柱如外加低密度加气混凝土保温块,则其尺寸宜符合制品主辅规格长度模数尺寸,并排成马牙槎。在寒冷和严寒地区的框架结构中,宜将砌块外包柱,从柱中线起排块,也可在柱间排块,但砌块不得与柱在同一表面,柱外面应留保温层厚度。

2) 立剖面排块设计要点。

(1) 砌块高度。国内大部分生产厂的产品有三种,即 200 mm、250 mm 和 300 mm。一般高度方向不宜切锯,除非请厂家生产异形规格,但也可将砌块的厚度方向作为高度方向来调整,如墙厚为 200 mm,可采用高度为 200 mm、厚度为 100 mm、125 mm 和 150 mm 的砌块,转向 90°,使厚度变成高度,调整墙体的高度。

(2) 立剖面排块的原则。先根据轴线尺寸先排窗坎墙(至窗台部位,其高度可低于窗台高度),然后排窗间墙至圈梁部位。在住宅建筑中,一般门窗洞口的过梁与圈梁合一,当窗间墙圈梁高度与窗过梁高度不一致时,可相互间进行调整。

(3) 本书立剖面排块是以住宅建筑为例,两种层高(2.8 m 和 3.0 m)、三种块高(200 mm、250 mm、300 mm)和两种窗高(1.5 m 和 1.8 m)组合的立剖面示意图,但多数地区可根据实际情况按此设计原则加以调整。

## 2. 墙体砌筑要点

1) 砌筑前按砌块平、立面构造图进行排列摆设,不足整块的可以锯截成所需尺寸,但不得小于砌块长度的 1/3。最下一层如灰缝厚度大于 20 mm 时,应用细石混凝土找平铺砌。

2) 砌筑加气混凝土砌块单层墙,应将加气混凝土砌块立砌,墙厚为砌块的宽度;砌双层墙,是将加气混凝土砌块立砌两层,中间加空气层(厚度为 70~80 mm),两层砌块间每隔 500 mm 墙高应在水平灰缝中放置 $\phi 4 \sim \phi 6$ 的钢筋扒钉,扒钉间距 600 mm。

3) 砌筑加气混凝土砌块应采用满铺满挤法砌筑,上下皮砌块的竖向灰缝应相互错开,长度不宜小于砌块长度的 1/3,并且不小于 150 mm。当不能满足要求时,应在水平灰缝中放置 $2\phi 16$ 的拉结钢筋或 $\phi 4$ 的钢筋网片,拉结钢筋或钢筋网片的长度不小于 700 mm。转角处应使纵横墙的砌块相互咬砌搭接,隔皮砌块露端面。砌块墙的丁字交接处应使横墙砌块隔皮露头,并坐中于纵墙砌块。

4) 加气混凝土砌块墙体灰缝应横平竖直,砂浆饱满,水平灰缝厚度不得大于 15 mm,竖向灰缝宽度宜不大于 20 mm。

5) 加气混凝土砌块墙每天砌筑高度不宜超过 1.8 m。

6) 砌块与门窗口连接:当采用后塞口时,应预制好埋有木砖或铁件的混凝土块,按洞口高度,2 m 以内每边砌筑 3 块,洞口高度大于 2 m 时,每边砌筑 4块,混凝土块四周的砂浆要饱满密实。安装门框时用手电钻在边框预先钻出钉眼,然后用钉子将木框与混凝土内预埋木砖钉牢。

7) 砌块与楼板连接:墙体砌到接近上层梁、板底部时,应留一定空隙,待填充墙砌完并至少间隔 7 d 后再用烧结普通砖斜砌挤紧挤牢,砖的倾斜角为 60°左右,砂浆应饱满密实。

## 3. 墙体拉结筋设置要点

(1)承重墙的外墙转角处、墙体交接处均应沿墙高 1 m 左右在水平灰缝中放置拉结钢筋,拉结钢筋为 $3\phi 6$,钢筋伸入墙内不小于 1 000 mm。

（2）非承重墙的外墙转角处、与承重墙体交接处均应沿墙高 1 m 左右在水平灰缝中放置拉结钢筋，拉结钢筋为 $2\phi6$，钢筋伸入墙内不小于 700 mm。

（3）在墙的窗口处，窗台下第一皮砌块下面应设置 $3\phi6$ 拉结钢筋，拉结钢筋伸过窗口侧边应不小于 500 mm。墙洞口上边也应放置 $2\phi6$ 钢筋，并伸过墙洞口，每边长度不小于 500 mm。

（4）加气混凝土砌块墙的高度大于 3 m 时，应按设计规定作钢筋混凝土拉结带。如设计无规定时，一般每隔 1.5 m 加设 $2\phi6$ 或 $3\phi6$ 钢筋拉结带，以确保墙体的整体稳定性。

# 三、双层混凝土小型空心砌块保温墙砌筑

## 1. 墙体节点构造

1）复合夹心墙体构造见图 5-14。

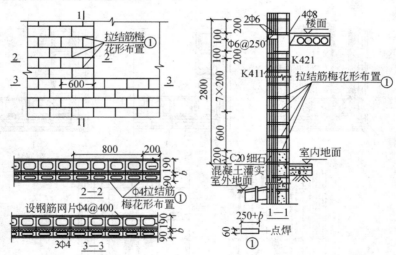

图 5-14　复合夹心墙体构造

注：① 拉结筋及钢筋片在使用前应做防锈处理；
　　② 本图仅用于抗震设防烈度不大于 7 度地区；
　　③ 墙体灰缝内设置钢筋网片的部位不设拉结筋；
　　④ 拉结筋布置水平间距不大于 800 mm，竖向间距不大于 600 mm，梅花形布置，拉结网片设置竖向间距不大于 600 mm。

结构层与保护层砌体间采用曲镀锌钢筋网片或拉结钢筋连接。$\phi^b4$ 镀锌钢筋网片见图5-15。每三皮砌块放一层网片。

2) 复合夹心墙体芯柱构造节点 1 见图 5-16。

3) 复合夹心墙体芯柱构造节点 2 见图 5-17。

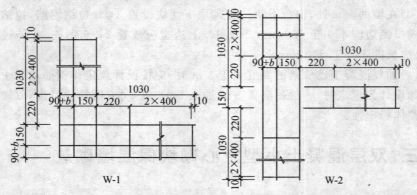

图 5-15 复合夹心墙体拉结筋网片

注:b 为保温层厚度。

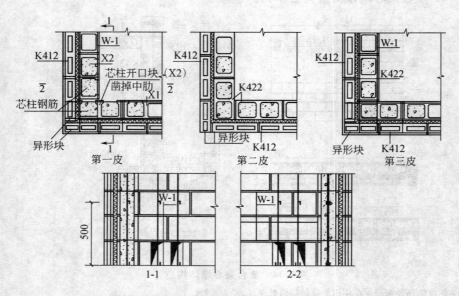

图 5-16 复合夹心墙芯柱构造节点 1

注:① 每层第一皮砌块砌筑时,芯柱部位应在室内侧设清理口,上、下层的芯柱插筋通过清理口搭接。搭接长度 500 mm,浇筑混凝土前芯孔内废弃物应清除干净,封好清理口;

② 芯柱应采用大于等于 C20 高流动度、低收缩细石混凝土浇筑密实;

③ W-1 详见图中复合夹心墙体拉结筋网片;

④ 不设芯柱或清理口时,节点第一皮的排块采用第三皮方式,网片沿墙高每 600 mm 一道;

⑤ 异形块根据各地保温层厚度值进行设计;

⑥ 抗震设防烈度不大于 7 度地区的工程,外墙可参照本图采用复合夹心墙体。

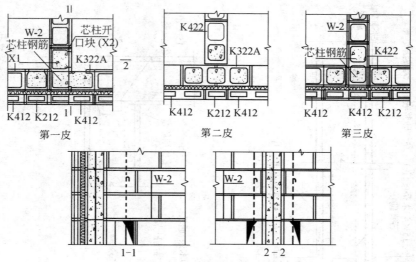

图 5-17 复合夹心墙体芯柱构造节点 2

注:① 每层第一皮砌块砌筑时,芯柱处须留出清理口,上、下层的芯柱插筋通过清理口搭接。搭接
　　长度 500 mm,浇筑混凝土前芯孔内废弃物应清除干净,封好清理口;
　② 芯柱应采用大于等于 C20 高流动度、低收缩细石混凝土浇筑密实;
　③ W-2 详见图 5-15 复合夹心墙体拉结筋网片;
　④ 不设芯柱或清理口时,节点第一皮的排块采用第三皮方式,清理口上面的网片 W-2 不增设,
　　网片 W-2 沿墙高每 600 mm 一道;
　⑤ 抗震设防烈度不大于 7 度地区的工程,外墙可参照本图采用复合夹心墙体。

## 2. 夹心保温施工要点

1) 结构层和保护层的混凝土砌块墙同时分段往上砌筑。砌筑时先砌结构层砌块,砌至 600 mm 高时,放置聚苯板,再砌筑外层保护层砌块,砌至 600 mm 高时,放置拉结钢筋网片,依次往上砌筑。

2) 也可先将全楼结构层砌块墙砌完,随砌随放置拉结钢筋网片或拉结钢筋(设拉结筋的部位不设拉结网片),再放置聚苯板,其后自下而上按楼层砌筑保护层砌块,并砌入钢筋网片。这种施工方法可减少砌筑工序对保护层装饰性砌块的污染。

# 四、石膏砌块砌筑

## 1. 石膏砌块隔墙构造

(1)石膏砌块隔墙平面连接见图 5-18。

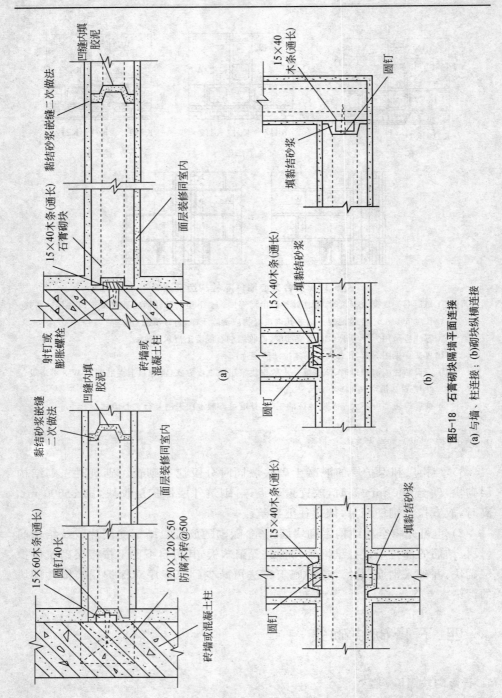

图5-18 石膏砌块隔墙平面连接

(a)与墙、柱连接；(b)砌块纵横连接

（2）石膏砌块隔墙框做法见图 5-19。

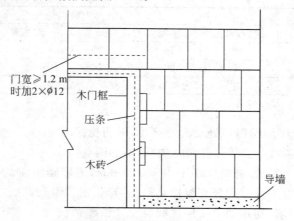

门宽≥1.2 m
时加2×∅12

木门框

压条

木砖

导墙

**图 5-19　隔墙门框做法示意**

注：如为钢门框时，改为混凝土洞框。

## 2. 石膏砌块砌筑前准备工作

1）将石膏空心砌块运至操作地点，用湿毛刷清扫其表面尘土，用扁铲清除表面突出物。

2）砌块底座宜采用 C20 细石混凝土浇筑找平、基础坚实或制导墙，其高、宽度视踢脚的高度、材料厚度而定，并保证其出墙厚度一致，符合验收标准。如地面已找平或为水磨石地面，则可直接用胶粘剂落地组砌。

3）按墙体轴线将竖向 500 mm 木条用射钉每隔 500 mm 钉在混凝土墙、立柱上，用以固定墙体，或用拉接片固定。墙与柱相接处用木楔撑牢，塞满胶粘剂。

## 3. 石膏砌块施工要点

1）根据弹出的砌线、门口尺寸，进行竖缝排列。

2）按砌块榫槽凹部尺寸，在混凝土基座上先抹黏结石膏胶泥一道。随抹随砌，分层施工，挂水平、垂直线控制标高。靠墙、柱砌块的竖向凹槽与墙柱边木条处与其咬口，砌块间水平、竖直缝灌注黏结石膏胶泥（表 5-5），使其缝隙黏合严密。胶粘剂挤出后，用扁铲清除多余的胶粘剂。灌筑砌块不符合模数的或有具体要求者，要放线再用刀锯切割，终端部砌块锯成平、凹槽状，从上向下推入与墙上固定木条咬合，或与墙用铁片拉结。

表 5-5　黏结石膏胶泥和批嵌材料配合比

| 用途 | 材　料 | | | | |
| --- | --- | --- | --- | --- | --- |
| | 熟石膏 | 水泥 | 108 胶 | 浆糊精 | 水 |
| 砌块凹槽填充 | 100 | 50 | 20 | 10 | 适量 |
| 墙体嵌缝 | 100 | 90 | 20 | | 适量 |
| 墙面批嵌 | 建筑石膏粉加适量 108 胶及水,或白水泥加适量 108 胶及水 | | | | |

注:水不应超过 108 胶的 10%。

3)丁字、十字墙门窗口处要有拉接片,钢筋拉接固定。

4)转角、丁字、十字部位要同时砌筑,不准留直槎。

砌块应上、下错缝,错缝间距不小于 120 mm,每层砌筑前试摆,对不合槽处应用扁铲修槽,合乎标准后竖直缝抹高氟黏结剂,正式组砌,一、二层之间砌块走向要颠倒。十字墙、拐角墙上下层之间要交叉错缝砌筑。

5)每块砌筑完成后,根据水平垂直控制线,用木锤调直,校核无误后,每组砌块间及与端部木条连接用黏结石膏胶泥堵塞,用木楔撑牢。

6)最上层砌块不符合模数者用尺划线刀锯切割,校正无误后塞满胶黏剂,用木楔双面撑牢,或者用拉接片与顶棚拉结,或墙两边钉木压条,或抹 10 mm 水泥素灰固定。

7)整道砌块墙完成后,用靠尺复检,局部不平处将墙面润湿,刨平后在表面刷胶一遍,缝隙用黏结石膏补平,后用砂纸打平,缝隙不得大于 4 mm,再满刮高氟腻子两遍,达到一级抹灰标准,然后进行墙面粉刷或喷涂。粘贴瓷砖和薄大理石面时,可不刮腻子直接镶贴,超重者可做拉结架。

墙高 5 m 以上,长 10 m 以上,可以在高 2.1 m 处做混凝土带,长 5 m 处做混凝土柱,形成丁字结构,使墙体更有利于抗震(图 5-20)。

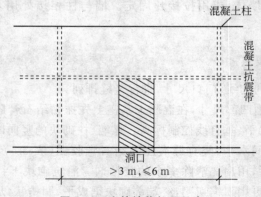

图 5-20　砌块墙体加固示意

注:混凝土抗震带设置:墙厚 80 mm,≥3m 时加设;墙厚 100(110)mm,≥4m 时加设;墙厚 150(180)mm,≥5m 时加设。

# 第六部分　石砌体工程

## 一、毛石砌体砌筑

### 1. 毛石基础的砌筑要点

1) 砌筑砂浆应用机械搅拌,拌和时间自投料完算起不得少于 90 s。水泥、有机塑化剂和冬期施工掺用的氯盐等的配料精确度应控制在±2%以内,其他配料精确度应控制在±5%以内。

2) 砂浆应随拌随用。水泥砂浆和水泥混合砂浆必须分别在拌成后 3 h 和 4 h 内使用完毕;如施工期间最高气温超过 30℃,必须分别在拌成后 2 h 和 3 h 内用完。

3) 砌筑前,应检查基槽(坑)的土质、轴线、尺寸和标高,清除杂物,打好底夯。地基过湿时,应铺 10 cm 厚的砂子、矿渣或砂砾石或碎石填平夯实。

4) 根据设置的龙门板或中心桩放出基础轴线及边线,抄平,在两端立好皮数杆,划出分层砌石高度,标出台阶收分尺寸。

5) 毛石砌体的灰缝厚度宜为 20～30 mm,砂浆应饱满,石块间较大的空隙应先填塞砂浆后用碎石块嵌实,不得采用先摆碎石后塞砂浆或干填碎石块的方法。

6) 砌筑毛石基础应双面拉准线,见图 6-1。第一皮按所放的基础边线砌筑,以上各皮按准线砌筑。

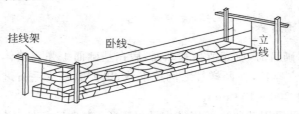

图 6-1　砌筑毛石基础拉线方法

7) 砌第一皮毛石时,应选用有较大平面的石块,先在基坑底铺设砂浆,再将毛石砌上,并使毛石的大面向下。

8) 砌第一皮毛石时,应分皮卧砌,并应上下错缝,内外搭砌,不得采用先砌外面石块后中间填心的砌筑方法,石块间较大的空隙应先填塞砂浆后用碎石嵌实,不得采用先摆碎石后塞砂浆或干填碎石的方法。

9) 毛石基础每 0.7 m² 且每皮毛石内间距不大于 2 m 设置一块拉结石,上下两皮拉结石的位置应错开,立面砌成梅花形。拉结石宽度:如基础宽度等于或小于 400 mm,拉结石宽度应与基础宽度相等;如基础宽度大于 400 mm,可用两块拉结石内外搭接,搭接长度不应小于 150 mm,且其中一块长度不应小于基础宽度的 2/3。

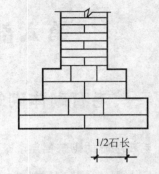

1/2石长

图 6-2 阶梯形毛石基础砌法

10) 阶梯形毛石基础,上阶的石块应至少压砌下阶石块 1/2,见图 6-2。相邻阶梯毛石应相互错缝搭接。

11) 毛石基础最上一皮宜选用较大的平毛石砌筑。转角处、交接处和洞口处应选用较大的平毛石砌筑。

12) 有高低台的毛石基础,应从低处砌起,并由高台向低台搭接,搭接长度不小于基础高度。

13) 毛石基础转角处和交接处应同时砌起,如不能同时砌起又必须留槎时,应留成斜槎,斜槎长度应不小于斜槎高度,斜槎面上毛石不应找平,继续砌时应将斜槎面清理干净,浇水湿润。

14) 毛石基础每个工作日砌筑高度不得超过 1.2 m,当超过 1.2 m 时,应搭设脚手架。

15) 每天砌完应在当天砌的砌体上铺一层灰浆,表面应粗糙。夏季施工时,对刚砌完的砌体应用草袋覆盖养护 5～7d,避免风吹、日晒、雨淋。毛石基础全部砌完,要及时在基础两边均匀分层回填土,分层夯实。

16) 基础砌筑至底层室内地面—0.06 m 处,进行防潮层施工。

## 2. 毛石墙体的砌筑要点

1) 毛石墙砌筑前,应先清扫基础面,后在基础面上弹出墙体中心线及边线;在墙体两端竖立样杆,在两样杆之间拉准线,以控制每皮毛石进出位置,挂线分皮卧砌,每皮高 300～400 mm。

砌筑方法可采用铺浆法。用较大的平毛石,先砌转角处、交接处和洞口处,再向中间砌筑。砌前应先试摆,使石料大小搭配,大面平放朝下,外露表面要平齐,斜口朝内,各皮毛石间应利用自然形状经敲打修整使其能与先砌毛石基本吻合,搭砌紧密,逐块卧砌坐浆,使砂浆饱满。

上、下皮毛石应相互错缝,内外搭砌,石块间较大的空隙应先填塞砂浆,后用碎石嵌实。严禁采用先填塞小石块后灌浆做法。墙体中间不得有铁锹口石（尖石倾斜向外的石块）、斧刃石和过桥石（仅在两端搭砌的石块）。如图 6-3 所示。

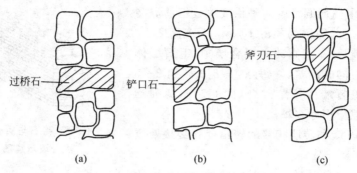

**图 6-3　过桥石、铲口石、斧刃石示意**

(a)过桥石；(b)铲口石；(c)斧刃石

灰缝宽度一般控制在 20～30 mm，铺灰厚度 40～50 mm。

2）砌筑时，避免出现通缝、干缝、空缝和孔洞，同时应注意合理摆放石块，不应出现图 6-4 所示类型砌石，以免墙体承重后发生错位、劈裂、外鼓等现象。

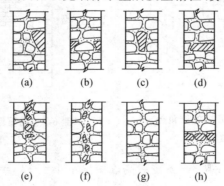

**图 6-4　不正确的砌石类型示意图**

(a)刀口形 1；(b)刀口形 2；(c)劈合形；(d)桥形；

(e)马槽形；(f)夹心形；(g)对合形；(h)分层形

3）如果砌筑时毛石的形状和大小不一，难以每皮砌平，亦可采取不分皮砌法，每隔一定高度大体砌平。

4）在转角及两墙交接处应用较大和较规整的垛石相互搭砌，并同时砌筑，必要时设置拉结筋。如不能同时砌筑，应留阶梯形斜槎，不得留锯齿形直槎。

5）毛石墙每日砌筑高度不应超过 1.2 m，正常气温下，停歇 4 h 后可继续垒砌。每砌3～4层应大致找平一次,中途停工时,石块缝隙内应填满砂浆,但该层上表面须待继续砌筑时再铺砂浆。砌至楼层高度时,应使用平整的大石块压顶并用水泥砂浆全面找平。

6)墙中门窗洞可砌砖平拱或放置钢筋混凝土过梁,并应与窗框间预留10 mm下沉高度。

7)在毛石和实心砖的组合墙中,毛石墙体与砖砌体应同时砌筑,并每隔4～6皮砖用2～3皮丁砖与毛石墙体拉结砌合(图6-5)。两种砌体间的空隙应用砂浆填满。

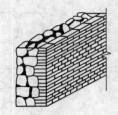

**图6-5  毛石与实心砖组合墙示意图**

8)毛石墙和砖墙相接的转角处和交接处应同时砌筑。

转角处应自纵墙(或横墙)每隔4～6皮砖高度引出不小于12 cm与横墙(或纵墙)相接(图6-6、图6-7);

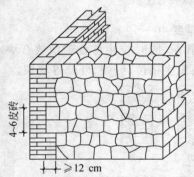

**图6-6  砖墙和毛石墙的转角处砌筑示意图**

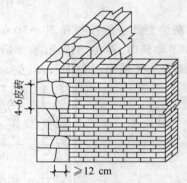

**图6-7  毛石墙和砖墙的转角处砌筑示意图**

交接处应自纵墙每隔4～6皮砖高度引出不小于12 cm与横墙相接(图6-8、图6-9)。

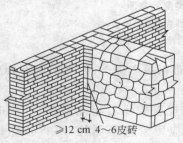

**图6-8  砖纵墙和毛石横墙交接处砌筑示意图**

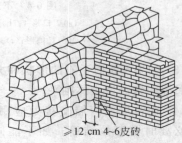

**图6-9  毛石纵墙和砖横墙交接处砌筑示意图**

9）石墙面的勾缝：一般毛石墙面多采用平缝或平凸缝。

10）缝砂浆宜采用1：1.5水泥砂浆。毛石墙面勾缝按下列程序进行：

（1）拆除墙面或柱面上临时装设的拦风绳、挂钩等物；

（2）清除墙面或柱面上黏结的砂浆、泥浆、杂物和污渍等；

（3）剔缝，即将灰缝刮深10～20 mm，不整齐处加以修整；

（4）用水喷洒墙面或柱面，使其湿润，随后进行勾缝。

勾缝线条应顺石缝进行，且均匀一致，深浅及厚度相同，压实抹光，搭接平整。阳角勾缝要两面方整。阴角勾缝不能上下直通。勾缝不得有丢缝、开裂或黏结不牢的现象。

勾缝完毕应清扫墙面或柱面，早期应洒水养护。

# 二、料石砌体砌筑

## 1. 料石基础砌筑要点

1）料石基础砌筑形成。

（1）料石基础砌筑形式有丁顺叠砌和丁顺组砌。丁顺叠砌是一皮顺石与一皮丁石相隔砌筑，上、下皮竖缝相互错开1/2石宽；丁顺组砌是同皮内1～3块顺石与一块丁石相隔砌筑，丁石中距不大于2 m，上皮丁石坐中于下皮顺石，上、下皮竖缝相互错开至少1/2石宽（图6-10）。

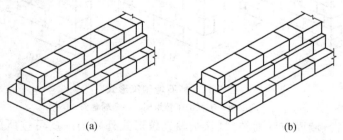

(a) (b)

图 6-10　料石基础砌筑形式

(a)丁顺叠砌；(b)丁顺组砌

（2）阶梯形料石基础，上阶料石应至少压砌下阶料石的1/3。

（3）砌筑时，砂浆铺设厚度应略高于规定灰缝厚度，一般高出厚度为6～8 mm。

2）料石基础砌筑技术要求。

（1）砌筑料石基础应双面拉准线，第一皮按所放的基础边线砌筑，以上各皮按准线砌筑。可先砌转角处和交接处，后砌中间部分。

（2）料石基础的第一皮应丁砌，在基底坐浆。阶梯形基础的上阶料石应至少砌下阶料石的 1/3 宽度。

（3）料石基础灰缝厚度不宜大于 20mm。砌筑时砂浆铺设厚度应略高于规定灰缝厚度，一般高出厚度为 6～8 mm。

（4）料石基础的转角处和交接处应同时砌起，如不能同时砌起应留置斜槎。

（5）料石基础每天砌筑高度应不大于 1.2 m。

（6）其他要求同毛石基础。

## 2. 料石墙体砌筑要点

1）料石墙砌筑形式有二顺一丁、丁顺组砌和全顺叠砌。二顺一丁是两皮顺石与一皮丁石相间，宜用于墙厚等于两块料石宽度时；丁顺组砌是同皮内每 1～3 块顺石与一块丁石相隔砌筑，丁石中距不大于 2 m，上皮丁石坐中于下皮顺石，上下皮竖缝相互错开至少 1/2 石宽，宜用于墙厚等于或大于两块料石宽度时；全顺是每皮均匀为顺砌石，上下皮错缝相互错开 1/2 石长，宜用于墙厚等于石宽时（见图 6-11）。

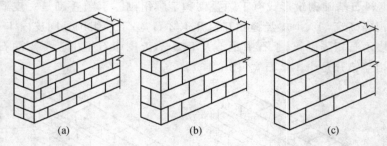

**图 6-11　料石墙砌筑形式**

(a)二顺一丁；(b)丁顺组砌；(c)全顺叠砌

2）砌料石墙面应双面挂线（除全顺砌筑形式外），第一皮可按所放墙边线砌筑，以上各皮均按准线砌筑，可先砌转角处和交接处，后砌中间部分。

3）料石可与毛石或砖砌成组合墙。料石与毛石的组合墙，料石在外，毛石在里；料石与砖的组合墙，料石在里，砖在外，也可料石在外，砖在里。

4）砌筑时，砂浆铺设厚度应略高于规定灰缝厚度，其高出厚度：细料石、半细料石宜为 3～5 mm；粗料石、毛料石宜为 6～8 mm。

5）在料石和毛石或砖的组合墙中，料石和毛石或砖应同时砌起，并每隔 2～3 皮料石用丁砌石与毛石或砖拉结砌合，丁砌料石的长度宜与组合墙厚度相同。

（6）料石墙的转角处及交接处应同时砌筑，如不能同时砌筑，应留置斜槎。

（7）料石清水墙中不得留脚手眼。

## 4. 料石柱砌筑要点

1）料石柱有整石柱和组砌柱两种。整石柱每一皮料石是整块的,只有水平灰缝无竖向灰缝;组砌柱每皮由几块料石组砌,上下皮竖缝相互错开(图6-12)。

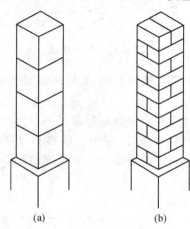

(a)　　　　　　　　(b)

**图6-12　料石柱**

(a)整石柱;(b)组砌柱

2）料石柱砌筑前,应在柱座面上弹出柱身边线,在柱座侧面弹出柱身中心。

3）砌整石柱时,应将石块的叠砌面清理干净。先在柱座面上抹一层水泥砂浆,厚约 10 mm,再将石块对准中心线砌上,以后各皮石块砌筑应先铺好砂浆,对准中心线,将石块砌上。石块如有竖向偏移,可用铜片或铝片在灰缝边缘内垫平。

4）砌组砌柱时,应按规定的组砌形式逐皮砌筑,上、下皮竖缝相互错开,无通天缝,不得使用垫片。

5）砌筑料石柱,应随时用线坠检查整个柱身的垂直度,如有偏斜应拆除重砌,不得用敲击方法纠正。

## 5. 料石过梁、拱与窗台板的砌筑要点

1）料石过梁砌筑。

料石过梁如图 6-13 所示。

料石过梁的砌筑应满足下述技术要求:

（1）料石过梁的厚度应为 200～450 mm,净跨度不宜大于 1.2 m,两端各伸入墙内长度不应小于 250 mm。

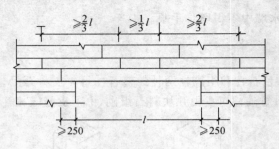

图 6-13　料石过梁

(2) 料石过梁的宽度宜与墙厚相同,也可用双拼料石砌筑,过梁底面应加工平整,以便安装门窗。

(3) 料石过梁砌筑时应在墙顶面铺砂浆,放置过梁后垫稳。

(4) 料石过梁上续砌料石墙时,正中一块料石厚度应不小于过梁净跨度的 l/3,在其两边应砌筑不小于过梁跨度的 2/3 长度的料石。

2) 料石平拱砌筑。

料石平拱构造如图 6-14 所示。

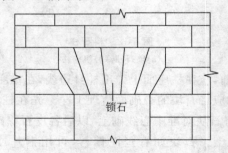

图 6-14　料石平拱

料石平拱砌筑应满足下述技术要求:

(1) 应按设计要求加工料石。

(2) 设计无要求时,应将料石加工成上宽下窄的楔形,斜度应预先由设计确定。

(3) 平拱两端部的石块,在拱脚处坡度角以 60°为宜。

(4) 平拱石块数为单数,厚度与墙厚相等,高度为两皮料石高。拱脚处斜面应修整加工,使之与拱石相吻合。

(5) 料石平拱砌筑时,应先设模板,在模板上画出石块位置线,并从两边对称地向中间砌,正中一块锁石应挤紧。

(6) 料石平拱所用砌筑砂浆强度等级应不低于 M10.0,灰缝厚度宜为 50 mm。

(7)拆模时,砂浆强度必须大于设计强度的 70%。

3)料石圆拱砌筑。

料石圆拱构造如图 6-15 所示。

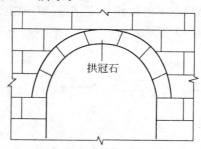

拱冠石

**图 6-15 料石圆拱**

料石圆拱砌筑应符合以下技术要求:

(1)用料石做圆拱,石块应进行细加工,使其接触面吻和严密。形状及尺寸均应符合设计要求。

(2)圆拱砌筑时,应先支模板,在模板上画出石块位置线,并由拱脚对称地向中间砌筑,正中一块拱冠石要对中挤紧。

(3)砌筑砂浆强度等级应不低于 M10,灰缝厚度宜为 5 mm。

(4)砌筑过程中要注意经常校核各部分尺寸、平整度和垂直度,以保证位置正确,石块对称。

(5)拆模时,砂浆强度必须大于设计强度的 70%。

4)料石窗台板砌筑。

(1)用料石做窗台板,料石应为细加工,并符合设计要求。

(2)窗台板两端至少应伸入墙身 100 mm。

(3)窗台板与其下部墙体之间(支座部位除外)应留空隙,并应采用沥青麻刀等材料嵌塞。

# 三、石墙面勾缝

## 1. 清理墙面、抠缝

勾缝前用竹扫帚将墙面清扫干净,洒水润湿。如果砌墙时没有抠好缝,就要在勾缝前抠缝,并确定抠缝深度,一般是勾平缝的墙缝要抠深 5~10 mm;勾凹缝的墙缝要抠深 20 mm;勾三角凸和半圆凸缝的要抠深 5~10 mm;勾平凸缝的,一般只要稍比墙面凹进一点就可以。

## 2. 确定勾缝形式

勾缝形式一般由设计决定。凸缝可增加砌体的美观,但比较费力。凹缝常使用于公共建筑的装饰墙面;平缝使用最多,但外观不漂亮,挡土墙、护坡等最适宜。各种勾缝形式如图 6-16 所示。

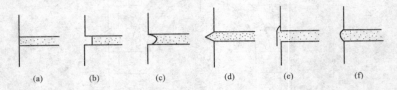

(a)　　　(b)　　　(c)　　　(d)　　　(e)　　　(f)

**图 6-16　石墙的勾缝形式**
(a)平缝;(b)平凹缝;(c)半圆形凹缝;(d)三角形凸缝;(e)平凸缝;(f)半圆形凸缝

## 3. 拌制砂浆

勾缝一般使用 1∶1 水泥砂浆,稠度 4～5 cm,砂子可采用粒径为 0.3～1 mm 的细砂,一般可用 3 mm 孔径的筛子过筛。因砂浆用量不多,一般采取人工拌制。

## 4. 勾缝

勾缝应自上而下进行,先勾水平缝后勾竖缝。如果原组砌的石墙缝纹路不好看时,也可增补一些砌筑灰缝,但要补得好看可另在石面上做出一条假缝,不过这只适用于勾凸缝的情况。

(1)勾平缝:用勾缝工具把砂浆嵌入灰缝中,要嵌塞密实,缝面与石面相平,并把缝面压光。

(2)勾凸缝:先用小抿子把勾缝砂浆填入灰缝中,将灰缝补平,待初凝后抹上第二层砂浆。第二层砂浆可顺着灰缝抹 0.5～1 cm 厚,并盖住石棱 5～8 mm,待收水后,将多余部分切掉,但缝宽仍应盖住石棱 3～4 mm,并要将表面压光压平,切口溜光。

(3)勾凹缝:灰缝应抠进 20 mm 深,用特制的溜子把砂浆嵌入灰缝内,要求比石面深 10 mm 左右,将灰缝面压平溜光。

# 四、其他石砌体构筑物砌筑

## 1. 石砌挡土墙砌筑要点

挡土墙是防止土体坍塌和失稳的特殊构筑物,广泛应用于房屋建筑、水利工程、铁路工程及桥梁工程中。本节适用于建筑场地周围的浆砌毛石、料石挡土墙。

石砌挡土墙属于重力式挡土墙,是依靠挡土墙自身重力抵抗倾覆和滑移。墙身截面尺寸较大,结构简单,施工方便,就地取材,应用广泛。重力式挡土墙的构造如图 6-17 所示。

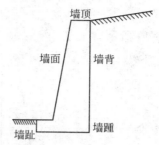

图 6-17　重力式挡土墙构造示意

1)石砌挡土墙砌筑要求。

(1)毛石挡土墙的砌筑,应符合上述诸项砌筑要求。

(2)毛石的中部厚度不应小于 200 mm。

(3)每砌 3～4 皮毛石为一个分层高度,每个分层高度应找平一次。

(4)毛石挡土墙外墙面的灰缝厚度不得大于 40 mm,两个分层间错缝不得小于 80 mm,如图 6-18 所示。

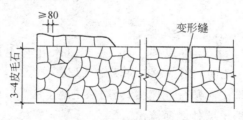

图 6-18　毛石挡土墙立面

(5)料石挡土墙宜采用同皮内丁顺相间的砌筑形式。当中间部分用毛石填砌时,丁砌料石深入毛石部分的长度不应小于 200 mm。

2)挡土墙构造要求。

砌筑挡土墙应按照设计要求收坡或收台,设置伸缩缝和泄水孔。但干砌挡土墙可不设泄水孔。

(1)截面形式及埋置深度。

① 毛石、料石挡土墙适用高度小于 6 m,处于地层稳定的安全地段。

② 可在基底设置逆坡,土质地基逆坡不宜大于 1∶10;岩质地基逆坡坡度不宜大于 1∶5。墙顶宽度不宜小于 400 mm。埋置深度,土质地基宜小于 0.5 m,

软质岩地基不宜小于 0.3 m。

（2）挡土墙伸缩缝。

每隔 10～20 m 设置一道。当地基有变化时宜加设沉降缝,挡土结构的拐角处应采取加强构造措施。

（3）排水措施。

挡土墙排水措施如图 6-19 所示。

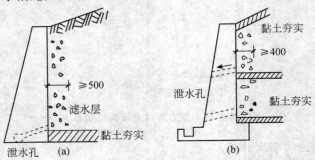

**图 6-19　挡土墙排水措施**
(a)单泄水孔;(b)多泄水孔

泄水孔的施工,当无设计明确规定时,应符合下列要求:

① 泄水孔应均匀设置,在每米高度上间隔 2 m 左右设置一个泄水孔(如图 6-19b)。

② 泄水孔宜采用抽管方法留置。

③ 泄水孔周围的杂物应清理干净,并在泄水孔与土体间铺设长宽各为 300 mm,厚为 200 mm 的卵石或碎石作为疏水层。

挡土墙内侧回填土必须分层填实,分层松土厚度应为 300 mm。墙顶土面应有适当坡度使水向挡土墙外侧面流出。

## 2. 石坝砌体砌筑要点

1）石坝砌筑方法。

（1）拱坝砌筑。

目前全国各地拱坝的砌筑方法大致可分为以下几种:

① 全拱逐层砌筑平衡上升法。对于浆砌石拱坝,基条石的摆放可以是一层顺石(与坝轴线平行方向)、一层丁石(径向)。这种砌法上下层可以错缝,坝体的整体性及防渗性较好,但顺料占 50%,受力条件较差。一层顺多层丁(如一层顺二层丁、一层顺三层丁、一层顺五层丁)可改善受力条件,但上下两层错缝稍难,不注意则容易造成通缝。此法多用于小型工程(图 6-20)。

　　② 全拱按面石、腹石分开砌筑。当拱坝较高,拱圈横断面较大,坝体砌筑工程量较多,而又不易开采条石的地区,多用这种砌筑方法。此法内、外拱圈面石多用丁、顺相间安砌,用扇形灰缝使料石砌体外缘成拱形(图 6-21)。

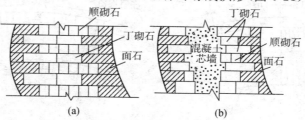

图 6-20　全拱逐层整体上升砌筑

(a)一丁一顺无混凝土芯墙;(b)多丁一顺有混凝土芯墙

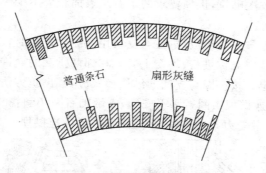

图 6-21　扇形灰缝砌内外拱圈

　　腹石可以在内、外拱圈同时砌筑,也可滞后于面石一至三层再砌腹石。在这种情况下,面石砌筑需达到一定强度(2.45 MPa)后,再用细石混凝土砌筑腹石,而把面石当做模板。用此法砌筑坝体不易形成水平层缝。

　　③ 全拱径向分厢砌筑。一些工程将拱圈顺径向分成外弧长约 3 m 的若干厢块,隔厢砌筑(图 6-22)。安砌程序是先以条石砌筑厢块的四周,每厢两侧边线与拱圈径线吻合,然后在厢内用水泥砂浆砌条石或细石混凝土砌块石。坝顶全拱圈由几块或数十块拱形厢块组成。上下层的分厢线应错位,错位间距不小于 15～20 cm。这种分厢安砌方法便于劳力组合安排,对拱跨较大的工程可加快砌筑进度,但增加了径向施工通缝。

　　④ 浆砌条石框边、埋石混凝土填厢砌筑。在开采石比较困难的地区,可采用水泥砂浆砌条石框边与埋石混凝土填厢结合的方法砌筑拱坝(图 6-23)。具体砌筑方法是:内、外拱用条石丁砌厚约 1 m 的拱框边,再砌条石墙分成外弧长为 10～1 5 m 的厢,墙端与迎水面拱圈内缘间距 1～1.5 m,厢高 2～3 m,厢内埋石混凝土隔厢浇筑,每期必须一次浇筑成拱。按常规此法可加快施工进度、减少砌

缝,对增强坝体的整体性及防渗性能有利。虽然水泥用量增加,但对有些工程造价增加并不显著。

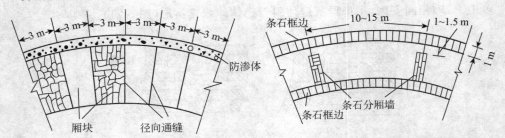

图 6-22　全拱径向分厢砌筑示意图　　图 6-23　条石框边、埋石混凝土填厢坝体

不管用什么方法砌筑,拱坝要求的丁石总表面积应不少于 1/3。

(2) 连拱坝砌筑。

连拱坝由拱圈与支墩组成,拱圈与支墩用混凝土连接时,接触面按施工缝处理;诸拱圈砌筑时,应对称进行,均衡上升。相邻两拱圈的允许高差,必须按支墩稳定要求核算确定。按拱圈与支墩的结构形式分,其砌筑方法有:

① 直立拱式连拱坝拱圈石水平安砌,支墩砌石采用斜撑式(图 6-24a),施工一般不搭拱架,支墩受力条件亦好,多适用于较低的连拱坝。

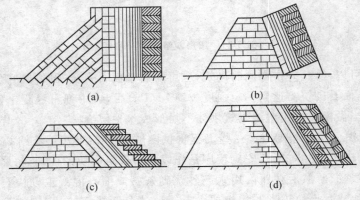

图 6-24　连拱坝圈安砌形式
(a)直立拱式;(b)倾斜拱式、拱圈斜砌;
(c)倾斜拱式、拱圈平砌;(d)倾斜拱式、外拱圈斜砌、内拱圈平砌

② 倾斜拱式连拱坝。

a. 拱圈石倾斜安砌。待拱座混凝土达到一定强度后,在其上砌筑倾斜拱圈(图 6-24b)。斜砌的拱圈受力条件好,较立拱施工复杂,一般需搭设拱架,多适用于较高的连拱坝。

b. 拱圈石水平安砌。拱圈按倾斜度呈阶状水平安砌(图6-24c),操作简便,适用于倾角不大的连拱坝。

c. 拱圈外层倾斜安砌、内层水平安砌(图6-24d)。拱圈厚度大于3 m时通常采用此法。上游坝坡陡于1∶0.8的拱圈砌筑可不必搭设拱架。

面石可以是一层丁砌、一层顺砌的条石,也有用一层条石、一层块石,或同层条、块石的丁、顺相间,或多层丁、一层顺的砌筑方法(图6-25),但要求丁石的砌筑总表面积不少于1/5。

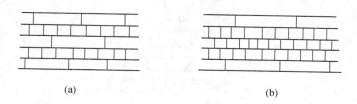

(a)                                          (b)

**图6-25  重力坝面石错缝砌筑示意图**
(a)一层丁一层顺;(b)多层丁一层顺

铺砌石料要错缝搭接,捣实后砌缝中的胶结材料略低于石面,以利上下层砌石的结合。同一层石的相邻石面高差可为3～5 cm。背水坝坡可以是斜坡,也可砌成台阶形。

细石混凝土砌腹石时,坐浆一般用一级配混凝土或水泥砂浆。铺浆的厚度一般比规定缝厚大1/3,铺石后稍有下沉,使水平缝胶结料密实饱满。竖缝以二级配混凝土浇灌,缝宽一般为8～10 cm,以振捣器便于插入振捣为宜。

2)坝体特殊部位砌筑施工。

(1)坝基。

坝基与基岩结合面处理得好坏与否,直接关系到大坝的安全,因此在施工操作上,对结合面的处理必须认真细致地做好,使之达到设计要求。通常在砌筑之前,应先对砌筑基面进行检查验收,符合要求时才允许在其上砌筑。砌筑前应先铺一层厚3～5 cm M10.0以上的水泥砂浆,然后浇筑厚度宜在0.3 m以上、强度等级在C10～C15的混凝土垫层,以改善基础的受力状态和砌体与基岩之间的结合。有的工程在垫层混凝土初凝以前立即铺砌一层石料,以加强砌石与垫层混凝土面的结合。多数工程则待垫层混凝土达到一定强度后再进行坝体的砌筑,开砌前将垫层混凝土面按施工缝进行处理。

砌体与两岸坝肩基岩之间的混凝土垫层浇筑,一般是先进行坝体砌石,在坝体砌石与基岩之间留下混凝土垫层厚度的空隙(0.5～1.5 m),每砌石1～2层高度后,进行一次混凝土垫层的浇筑。有些拱坝为加强拱座与基岩的整体性,常布设构造钢筋和锚筋。

(2) 坝的倒悬坡。

一般沿弧长方向每 2～3 m 设一个标准断面控制倒悬坡的砌筑。标准断面的放样可用埋入坝体的水平悬出钢标钎,分别量出各高程的倒悬水平距离(图 6-26),也可用活动坡度尺控制砌筑断面。

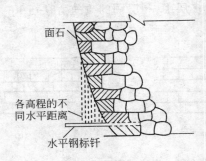

**图 6-26 水平钢钎插放样法**

坝体每砌高 2～3 m 须用仪器检查放样一次,纠正误差。双曲拱坝倒悬坡一般有三种砌法:

① 水平安砌法。倒悬坡的面石,其外露面按坝体不同高程的不同倒悬度逐块加工并编号,以便对号安砌。要求外露面凹凸不得大于 1.5 cm。由于石料表面已加工成倒悬坡面。故石料均可水平安砌,且与腹石能直接结合。这种砌筑方法不需搭脚手架,坝体外表美观,勾缝方便,但石料加工成本较高。水平安砌法多用于未设防渗面板的中型砌石拱坝工程。

② 倒阶梯逐层挑出安砌法。为节省石料加工费,有的工程采取逐层按倒悬度挑出成倒阶梯形的方法砌筑,施工亦方便。挑出之倒阶梯三角部分应在设计线以外,以保证坝体满足设计断面尺寸(图 6-27),但要求每层挑出尺寸不得超过该条石长度的 1/5～1/4。这种安砌方法的缺点是坝面勾缝不便,质量不易保证。

③ 面石倾斜安砌法。面石稍加修整,按设计倒悬度倾斜安砌(图 6-28),砌筑斜面石后,应及时浇筑背后的混凝土或砌腹石。砌筑时应特别注意:下一层面石的胶结材料强度,未达到 2.45 MPa 以上时,不能砌筑上一层倾斜面石,以防倒塌。

当倒悬度大于 0.3 时,应搭设临时支撑,以策安全。

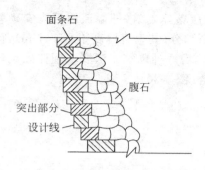

图 6-27　倒阶梯逐层挑出安砌法

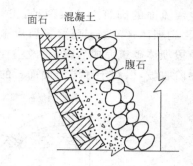

图 6-28　面石倾斜安砌法

（3）拱座。

为保证拱圈巨大轴向推力的传递，要特别注意拱端坝肩石料的安砌。当条件许可时，应将坝肩基础开凿成拱圈径向面，砌筑前先在基岩上抹一薄层高强度等级水泥砂浆（以略厚于基岩凹凸面为准），然后安砌坝肩拱座。如地形地质条件不可能开凿成径向面，可在清基的基础上用大于 C15 的混凝土填筑，人工改造为径向面或半径向面，然后再安砌坝肩拱座（图 6-29）。

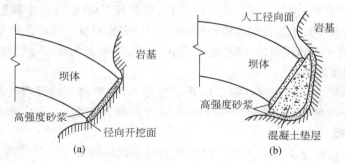

图 6-29　拱坝拱肩与基岩结合示意图

（a）拱肩与径向面基岩结合；（b）拱肩与非径向面基岩结合

（4）浆砌条石溢流面。

溢流面是砌石坝的过水部分，它经常遭受高速水流冲刷与磨蚀，故对溢流面的施工（如线型、平整度）有很高的质量要求。

为了使浆砌料石溢流面足以抵御负压力及高速水流的冲蚀与磨蚀，必须对石料、胶结材料及溢流面不平整度进行严格的选择与控制。溢流面的料石强度等级应不低于 MU80，砂浆不低于 M15，经过选择的条石，外露面须进行细加工，石料表面和相邻石料间的凹凸不平整度不能大于 5 mm，严禁用不合格的石料砌筑溢流面。

溢流面的砌筑方法有两种:①与坝体同层整体砌筑,即溢流面石先安砌就位,再砌坝体;②先砌坝体,预留出溢流面砌石部分(其垂直厚度不小于 1 m),待溢流段坝体砌筑完成后,再砌筑溢流面面石。后一种砌筑方法要求坝体砌筑时以台阶收坡,以利于和溢流面面石的整体结合(图 6-30)。

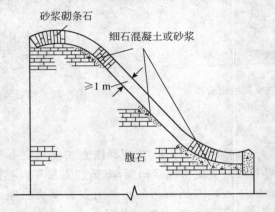

图 6-30 溢流段面石与坝体结合

溢流面可以全部用不短于 60 cm 的长、短条石丁砌,也可以丁顺相间安砌,但在水流方向及垂直水流方向均需错缝,并应仔细灌饱灰缝。每砌高约 3 m 后,用不低于 M20 的水泥砂浆深勾平缝(缝深不小于 6 cm),砂浆的稠度一般不大于 2 cm。

(5) 坝体勾缝。

水泥砂浆深勾缝防渗是在浆砌石坝的迎水面,将砌石的外露缝隙修凿成缝深为 3~5 cm 的凹槽,用 M10~M15 水泥砂浆填塞压实,以防止库水沿灰缝通道向下游渗漏。

坝面勾缝的施工方法大致可以归纳为以下两种形式:①坝体每砌完一级(约 2 m),进行一次勾缝;②随砌随勾缝。一般施工顺序是开缝、冲洗、勾缝和养护,共四道工序。

① 开缝。将坝体表面之灰缝用小錾子开凿成矩形或梯形槽缝,缝宽 2~ 4 cm,深 3~5 cm,要求全缝呈现新鲜錾路。

② 冲洗。开好的缝必须用水冲洗干净,不得有残留灰渣和积水。

③ 勾缝。一般多采用水灰比 0.3~0.4,灰砂比 1:1.5~1:2 的水泥砂浆进行勾缝。先将洗刷干净的缝腔填满、压实,再用小抿子在缝口灰浆面来回拖压两三次,使其密实光滑。一般多勾成平缝。如设计上有美观要求时,可勾成凸缝或凹缝。

④ 养护。勾缝完毕 3 h 后即可进行喷水养护。养护时间应适当长些,一般为 21 d,以提高灰缝的强度。

# 第七部分　配筋砌体工程

## 一、网状配筋砌体工程

### 1. 网状配筋砖砌体构造

1）网状配筋砖墙柱是用烧结普通砖与砂浆砌成。钢筋网片铺设在水平灰缝中。所用砖不应低于 MU10,砂浆不应低于 M1.5。钢筋数量应按设计要求确定。

2）钢筋网片有方格网和连弯网两种形式。

方格网是用直径为 3～4 mm、间距为 30～120 mm 的 HPB 235 级钢筋或低碳冷拔钢丝点焊制成。

连弯网是将一根直径为 6 mm 或 8 mm 钢筋,间距为 30～120 mm,连弯成格栅形。连弯网可分为纵向连弯网和横向连弯网。

3）钢筋网沿砌体高度方向的间距不应大于 5 皮砖,也不应大于 400 mm。当采用连弯网时,网片应沿高度交错放置,即上、下两片互相垂直。为了便于检查和防止漏放,要求每一网片中有一根钢筋露出墙面以外 5 mm。

4）钢筋网设置在水平灰缝中,灰缝厚度应保证钢筋上下至少有 2 mm 的砂浆层。

网状配筋砖砌体构造如图 7-1 所示。

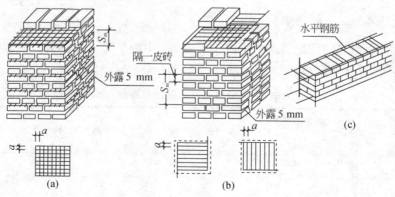

**图 7-1　网状配筋砖砌体的构造**

（a）方格钢筋网片砖柱；(b)连弯钢筋网片砖柱；(c)配筋砖墙

### 2. 网状配筋砖砌体施工技术要点

1）钢筋的品种规格、数量和性能必须符合设计要求。

2）钢筋在运输、堆放和使用过程中，应避免被泥、油或其他引起化学作用的物质污染，以免影响钢筋与砂浆、混凝土的黏结性能。

3）分布钢筋或箍筋的位置与主筋的连接应正确，钢筋之间应采用金属丝绑牢或焊接。

4）设置在砌体水平灰缝内的钢筋，应居中放在砂浆层中，水平灰缝厚度不宜超过 15 mm。当配置钢筋时，钢筋直径应大于 6 mm；当设置钢筋网片时，应大于钢筋网片的厚度 4 mm。砌体外露面砂浆保护层的厚度不应小于 15 mm。

5）设置在水平灰缝内的钢筋应进行适当保护，可在其表面涂刷钢筋防腐涂料或防锈剂。

6）伸入砌体内的锚拉钢筋，从接缝处算起，不得少于 500 mm。

7）网状配筋砌体的钢筋网，宜采用焊接网片。当采用连弯钢筋网时，放置前应保持网片的平整。

8）网片放置后，应将砂浆摊平整再砌块材。

### 3. 网状配筋砌体的砌筑形式和操作方法

网状配筋砌体的砌筑形式和操作方法，除注意上述技术要求外，基本与无筋砌体相同。

# 二、组合配筋砌体工程

### 1. 组合砌体施工一般要求

1）受力钢筋的保护层厚度不应小于表 7-1 中的规定。受力钢筋距砌体表面的距离不应小于 5 mm。

表 7-1 受力钢筋的保护层厚度 （单位：mm）

| 类　别 | 环境条件 | 室内正常环境 | 露天或室内潮湿环境 |
|---|---|---|---|
| 墙 | | 15 | 25 |
| 柱 | 混合砂浆 | 25 | 35 |
| | 水泥砂浆 | 20 | 30 |

2）受力钢筋的锚固。组合砌体的顶部、底部以及牛腿部位必须设置混凝土垫块,受力钢筋伸入垫块的长度必须满足锚固的要求。

3）先按常规砌筑砌体,在砌筑同时,按规定的间距在砌体的水平灰缝内放置箍筋或拉结钢筋。箍筋或拉结钢筋应埋于砂浆层中,使其砂浆保护层厚度不小于2mm,两端伸出砌体外的长度相一致。

4）面层施工前,应清除面层底部的杂物,并浇水湿润砌体表面(指面层与砌体的接触面)。

## 2. 组合配筋砖砌体施工要点

组合砖砌体由砖砌体和钢筋混凝土面层或钢筋砂浆面层组成,有组合砖柱、组合砖垛、组合砖墙等,其断面及其配筋见图7-2。

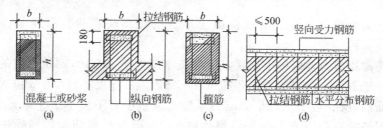

图7-2　组合砖砌体构件截图
(a)组合柱;(b)组合垛;(c)组合柱;(d)组合墙

组合砖砌体应符合下列构造要求:

1）面层混凝土强度等级宜采用C15或C20。面层水泥砂浆强度等级不低于M7.5。砌筑砂浆的强度等级不低于M5,砖强度等级不低于MU10。

2）受力钢筋的保护层厚度不应小于表7-1中的规定,受力钢筋距砖砌体表面的距离不应小于5 mm。

3）砂浆面层的厚度可采用30～45 mm。当面层厚度大于45 mm时,其面层宜采用混凝土。

4）受力钢筋宜采用HPB 235钢筋,对于混凝土面层,亦可采用HRB 300钢筋。受压钢筋一侧配筋率,对砂浆面层,不宜小于0.1%;对混凝土面层,不宜小于0.2%。受拉钢筋的配筋率不应小于0.1%。受力钢筋的直径不应小于8 mm。钢筋的净间距,不应小于30 mm。

5）箍筋的直径不宜小于4 mm及0.2倍受压钢筋直径,并不宜大于6 mm。箍筋的间距不应大于20倍受压钢筋的直径及500 mm,并不应小于120 mm。

6）当组合砖砌体一侧的受力钢筋多于4根时,应设置附加箍筋或拉结钢筋。

7）组合砖墙应采用穿通墙体的拉结钢筋作为箍筋,同时设置水平分布钢筋。水平分布钢筋的垂直间距及拉结钢筋的水平间距,均不应大于 500 mm。

8）组合砖砌体的顶部及底部,以及牛腿部位,必须设置钢筋混凝土垫块。受力钢筋伸入垫块的长度必须满足锚固要求。

组合砖砌体施工,应先砌筑砖砌体,在砌筑同时,应按设计位置放置箍筋,待砖砌体强度达到设计强度 50% 以上时,绑扎竖向受力钢筋及水平分布钢筋,钢筋直径及间距经检查无误后,支设模板,分层灌注砂浆或混凝土。逐层捣实,待砂浆或混凝土强度达到设计强度的 30% 以上时,方可拆除模板。

## 3. 组合配筋砌块剪力墙施工要点

配筋砌块剪力墙是在普通混凝土小型空心砌块墙的孔洞或灰缝中配置钢筋。

配筋砌块剪力墙所用小砌块强度等级不应低于 MU10,砌筑砂浆的强度等级不应低于 M7.5,灌孔混凝土不应低于 C20。墙的厚度不应小于 190 mm。

钢筋的直径不宜大于 25 mm,当设置在灰缝中时不应小于 4 mm。设置在灰缝中钢筋的直径不宜大于灰缝厚度的 1/2。两平行钢筋间的净距不应小于 25 mm。孔洞中竖向钢筋的净距不宜小于 40 mm。

灰缝中钢筋外露砂浆保护层不宜小于 15 mm。位于砌块孔洞中的钢筋保护层,在室外或潮湿环境不宜小于 30 mm,在室内正常环境不宜小于 20 mm。

配筋砌块剪力墙的构造配筋应符合下列规定:

1）应在墙的转角、端部和洞口的两侧配置竖向连续的钢筋,钢筋直径不宜小于 12 mm。

2）应在洞口的底部和顶部设置不小于 $2\phi10$ 的水平钢筋,其伸入墙内的长度不宜小于 $35d$($d$ 为钢筋直径)和 400 mm。

3）其他部位的竖向和水平钢筋的间距不应大于墙长、墙高之半也不应大于 1200 mm。对局部灌孔的墙体,竖向钢筋的间距不应大于 600 mm。

## 4. 组合配筋砌块柱施工要点

配筋砌块柱是在普通混凝土小型空心砌块柱的孔洞配置钢筋(图 7-3)。

柱截面边长不宜小于 400 mm,柱高度与截面短边之比不宜大于 30。

柱的纵向受力钢筋不宜小于 $4\phi12$,全部纵向受力钢筋的配筋率不宜小于 0.2%。

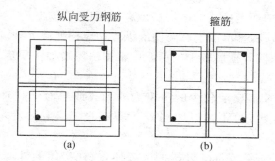

**图 7-3　配筋砌块柱截面**

(a)横向设置；(b)纵向设置

柱中箍筋的设置应按下列情况确定：

1）当纵向钢筋的配筋率大于 0.25%，且柱承受的轴向力大于受压承载力设计值的 25%时，柱应设箍筋；当配筋率不大于 0.25%时，或柱承受的轴向力小于受压承载力设计值的 25%时，柱中可不设置箍筋。

2）箍筋直径不宜小于 6 mm。

3）箍筋的间距不应大于 16 倍的纵向钢筋直径、48 倍箍筋直径及柱截面短边尺寸中较小者。

4）箍筋应封闭，端部应弯钩。

5）箍筋应设置在灰缝或灌孔混凝土中。

# 三、钢筋混凝土构造柱工程

## 1. 构造柱设置要点

1）构造柱的设置部位一般情况下应符合表 7-2 所列规定。

**表 7-2　砖房构造柱设置要求**

| 房屋层数 | | | | 设置部位 | |
|---|---|---|---|---|---|
| 6 度设防 | 7 度设防 | 8 度设防 | 9 度设防 | | |
| 四、五 | 三、四 | 二、三 | | 外墙四角，错层部位横墙与外纵墙交接处，较大洞口两侧，大房间内外墙交接处 | 7、8 度设防时，楼、电梯间的四角，每隔 15m 或单元横墙与外墙交接处 |
| 六、七 | 五 | 四 | 三 | | 隔开间横墙（轴线）与外墙交接处，山墙与内纵墙交接处，7～9 设防度时，楼、电梯间的四角 |
| 八 | 六、七 | 五、六 | 三、四 | | 内墙（轴线）与外墙交接处，内墙的局部较小墙垛处，7～9 设防度时，楼、电梯间的四角，9 度设防时各纵墙与横墙（轴线）交接处 |

2）外廊式和单面走廊式的多层房屋应根据房屋增加一层后的层数，按表 7-2 的要求设置构造柱，且单面走廊两侧的纵墙均应按处墙处理。

3）教学楼、医院等横墙较少的房屋应根据房屋增加一层后的层数，按表 7-2 要求设置构造柱。

当教学楼、医院等横墙较少的房屋为外廊式或单面走廊时，应按上文 2）款要求设置构造柱，但 6 度不超过四层、7 度不超过三层和 8 度不超过二层时，应按增加二层后的层数对待。

4）防震缝、伸缩缝或沉降缝两侧的墙体，应视房屋的外墙按上述规定设置构造柱。

5）蒸压灰砂砖、蒸压粉煤灰砖砌体结构房屋的抗震规定：

房屋的层数与构造柱的设置位置应符合表 7-3 所列规定。构造柱的截面及配筋等构造要求应符合《建筑抗震设计规范》（GB 50011—2010）规定。

表 7-3　蒸压灰砂砖、蒸压粉煤灰砖构造柱设置要求

| 房屋层数 | | | 设置部位 |
|---|---|---|---|
| 6 度设防 | 7 度设防 | 8 度设防 | |
| 4～5 | 3～4 | 2～3 | 外墙四角、楼（电）梯间四角，较大洞口两侧、大房间内外墙交接处 |
| 6 | 5 | 4 | 外墙四角、楼（电）梯间四角，较大洞口两侧、大房间内外墙交接处，山墙与内纵墙交接处，隔开间横墙（轴线）与外纵墙交接处 |
| 7 | 6 | 5 | 外墙四角、楼（电）梯间四角，较大洞口两侧、大房间内外墙交接处，各内墙（轴线）与外墙交接处；8 度时，内纵墙与横墙（轴线）交接处 |
| 8 | 7 | 6 | 较大洞口两侧，所有纵横墙交接处，且构造柱间距不宜大于 4.8 m |

注：房屋的层高不宜超过 3m。

6）构造柱设置示例。

某五层砌体房屋，抗震设防烈度为 8 度，其构造柱设置如图 7-4 所示。

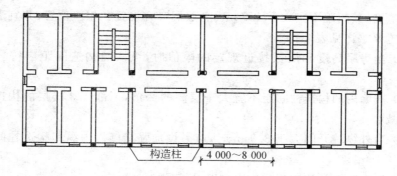

图 7-4　某五层砖砌体房屋构造柱设置

## 2. 构造柱的构造要点

1) 设置构造柱的砖砌体,宜用普通砖和水泥混合砂浆砌筑。普通砖的强度等级不应低于 MU10,砂浆的强度等级不应低于 M5,构造柱的混凝土强度等级不宜低于 C20 级。

2) 构造柱的最小截面尺寸不宜小于 240 mm×240 mm,其厚度不应小于墙厚,边柱、角柱的截面宽度宜适当加大。

3) 柱内竖向受力钢筋,对于中柱不宜少于 4φ12,对于边柱和角柱不宜少于 4φ14;当房屋抗震设防烈度 7 度时超过六层、8 度时超过五层和设防烈度为 9 度时,构造柱纵向钢筋宜采用 4φ14,箍筋间距不应大于 200 mm,竖向钢筋的直径也不宜大于 16 mm。

4) 构造柱的箍筋一般部位宜采用φ6,间距 200 mm,楼层上下 500 mm 范围内宜采用φ6,间距 100 mm。

5) 砖砌体与构造柱的连接处应砌成马牙槎,并沿墙高每隔 500 mm 设 2φ6拉结钢筋,且每边伸入墙内不宜小于 1 m。

6) 构造柱与圈梁连接处,构造柱的纵筋应穿过圈梁,保证造柱纵筋上下贯通。

7) 构造柱可不单独设置基础,但应伸入地面下 500 mm,或与埋深小于500 mm 的基础圈梁相连。

8) 组合砖墙砌体结构房屋应在基础顶面,在有组合墙的楼层处设置现浇钢筋混凝土圈梁。

圈梁的截面高度不宜小于 240 mm,纵向钢筋不宜小于 4φ12。纵向钢筋应伸入构造柱内,并应符合受拉钢筋的锚固要求。圈梁的箍筋宜采用φ6,距200 mm。

9) 组合砖墙砌体结构房屋,应在纵横墙交接处、墙端部和较大洞口的洞边设置构造柱,其间距不宜大于 4.0 m。各层洞口宜设置在相应位置,并宜上下对齐。设置要求详见表 7-2。

10)当房屋高度和层数接近规定的限值时,纵横墙构造间距应符合下列要求:

(1)横墙内的构造柱间距不宜大于层高的 2 倍,下部 1/3 楼层的构造柱间距适当减小。

(2)当外纵墙开间大于 3.9 m 时,应另设加强措施。内纵墙构造柱间距不宜大于 4.2 m。

11)组合砖墙的施工程序应先砌墙,后浇混凝土。

12)柱内竖向钢筋混凝土保护层厚度应符合表 7-4 所列规定。一般宜为 20 mm,且应不小于 15 mm。

表 7-4  竖向受力钢筋混凝土保护层最小厚度　　　　　　　　　　(单位:mm)

| 构件类别 　　　　　环境条件 | 室内正常环境 | 露天或室内潮湿环境 |
|---|---|---|
| 墙 | 15 | 25 |
| 柱 | 25 | 35 |

注:当面层为水泥砂浆时,对于柱,保护层厚度可减小 5 mm。

构造柱与砖砌体连接构造如图 7-5 所示。

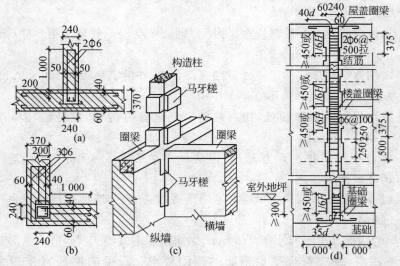

图 7-5  构造柱与砖砌体连接构造

(a)构造柱与砖砌体连结示意;(b)丁字形节点;(c)转角节点;(d)墙体构造节点

### 3. 构造柱施工要点

1) 构造柱施工应按下列顺序进行：绑扎钢筋、砌砖墙、支模板、浇捣混凝土柱。

2) 构造柱的竖向受力钢筋绑扎前必须进行除锈、调直处理。钢筋末端应做弯钩。底层构造柱的竖向受力钢筋与基础圈梁（或混凝土底脚）的锚固长度不应小于 35 倍竖向钢筋直径，并保证钢筋位置正确，如图 7-6 所示。

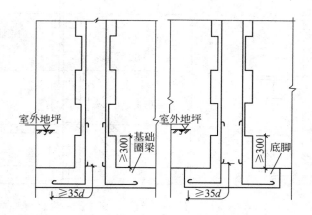

**图 7-6　构造柱根部**

3) 构造柱的竖向受力钢筋需接长时，可采用绑扎接头，其搭接长度一般为 35 倍钢筋的直径，在绑扎接头区段内的箍筋间距不应大于 200 mm，箍筋在楼板和地面上下 $H/6$ 处应加密，间距 100 mm，如图 7-7 所示。

4) 在逐层安装模板之前，必须根据构造柱轴线校正竖向钢筋位置和垂直度。箍筋间距应准确，并分别与构造柱的竖向钢筋和圈梁的纵筋相垂直，绑扎牢靠。构造柱钢筋的混凝土保护层厚度宜为 20 mm，且不小于 15 mm。

5) 砌砖墙时，从每层构造柱脚开始，砌马牙槎应先退后进，以保证构造柱脚为大断面。当马牙槎齿深为 120 mm 时，其上口可采用一皮进 60 mm，再一皮进 120 mm 的方法，以保证浇筑混凝土后上角密实。马牙槎内的灰缝砂浆必须密实饱满，其水平灰缝砂浆饱满度不得低于 80%，如图 7-8 所示。

6) 构造柱模板宜用组合钢模板。在各层砖墙砌好后，分层支设。构造柱和圈梁的模板都必须与所在砖墙面严密贴紧，支撑牢靠，堵塞缝隙，以防漏浆。

7) 在浇筑构造柱混凝土前，必须将砖墙和模板浇水湿润（钢模板面不浇水，刷隔离剂),并将模板内的砂浆残块、砖渣等杂物清理干净。为了便于清理,可事先在砌墙时在各层构造柱底部(圈梁面上)留出二皮砖高的洞口,杂物清除后立即用砖砌封闭洞口。

8)浇筑构造柱的混凝土,其坍落度一般以 50～70 mm 为宜,以保证浇筑密实,亦可根据施工条件、气温高低在保证浇捣密实情况下加以调整。

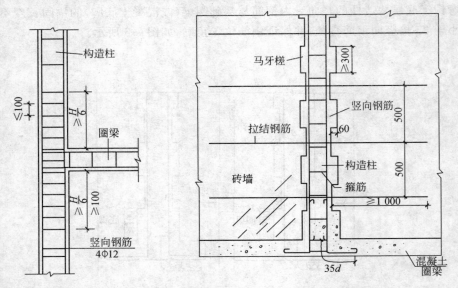

**图 7-7　构造柱箍筋加密(H－层高)**　　　　**图 7-8　砖墙的马牙槎造柱**

9)构造柱的混凝土浇筑可以分段进行,每段高度不宜大于 2 m,或每个楼层分二次浇筑。在施工条件较好,并能确保浇捣密实时,亦可每一楼层一次浇筑。

10)浇捣构造柱混凝土时,宜用插入式振动器,分层捣实。振捣棒随振随拔,每次振捣层的厚度不得超过振捣棒有效长度的 1.25 倍,一般为 200 mm 左右。振捣时,振捣棒应避免直接触碰钢筋和砖墙,严禁通过砖墙传振,以免砖墙鼓肚和灰缝开裂。

11)在新老混凝土接槎处,须先用水冲洗、湿润,再铺 10～20 mm 厚的水泥砂浆(用原混凝土配合比去掉石子后的比例),方可继续浇筑混凝土。

12)在砌完一层墙后和浇筑该层构造柱混凝土前,应及时对已砌好的独立墙体加稳定支撑,必须在该层构造柱混凝土浇捣完毕后,才能进行上一层的施工。

# 四、钢筋砖过梁、圈梁工程

## 1. 钢筋砖过梁施工要点

1）钢筋砖过梁用普通砖平砌而成,其底部配以钢筋。钢筋直径不应小于 $\phi5$,间距不宜大于 120 mm,钢筋伸入砖墙内的长度不宜小于 240 mm,保护钢筋的砂浆层厚度不宜小于 30 mm(图 7-9)。

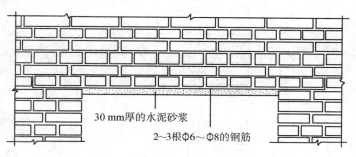

30 mm厚的水泥砂浆

2～3根$\phi$6～$\phi$8的钢筋

图 7-9　钢筋砖过梁

2）钢筋砖过梁的作用高度为 7 皮砖(440 mm),钢筋砖过梁的厚度等于墙厚,钢筋砖过梁长度等于洞口宽度加 480 mm。钢筋砖过梁的跨度(洞口宽度)不应超过 1.5 m。

3）钢筋砖过梁部分的灰缝宽度及砂浆饱满度要求同砖墙部分。

4）钢筋砖过梁底部的模板,应在底部砂浆层的砂浆强度不低于设计强度的50％时,方可拆除。

5）钢筋砖过梁的砌筑方法如下:

窗间墙砌至洞口顶标高时,支搭过梁胎模。支模时,应让模板中间起拱0.5％～1％,如窗口宽 1 m,则起拱 5～10 mm。将支好的模板润湿,并抹上厚20 mm、强度为 M10 砂浆。同时把加工好的钢筋埋入砂浆中,钢筋两端90°弯钩向上,并将砖块卡砌在 90°弯钩内。钢筋伸入墙内 240 mm 以上,从而将钢筋锚固于窗间墙内(图 7-9)。最后与墙体同时砌筑。但需注意在钢筋长度以及跨度的 1/4 高度范围内,要用强度等级比砌筑墙体高一级的砂浆,而且砂浆强度等级不得低于 M5。钢筋砖过梁的砖砌体部分宜采用一顺一丁砌法,第一皮砖宜用丁砖砌筑。

## 2. 钢筋砖圈梁施工要点

1）钢筋砖圈梁是在砖圈梁的水平灰缝内配置通长的钢筋。

2）钢筋砖圈梁的高度为4～6皮砖，宽度等于墙厚。纵向钢筋不宜少于6根直径6 mm钢筋，水平间距不宜大于120 mm，分上下两层设在圈梁顶部和底部的水平灰缝内（图7-10）。

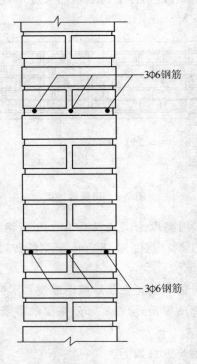

图7-10　钢筋砖圈梁

3）钢筋砖圈梁应采用不低于 MU10 的砖及不低于 M5 的砂浆砌筑。

4）钢筋砖圈梁宜连续地设在同一水平面上，并形成封闭状。当圈梁被门窗洞口截断时，应在洞口上部增设相同截面的附加圈梁。附加圈梁与圈梁的搭接长度不应小于其垂直间距的2倍，且不小于1 m（图7-11）。

5）钢筋砖圈梁施工如同砌砖墙，只是在砌到纵向钢筋放置，应均匀地放上钢筋，钢筋应埋入砂浆层中间，钢筋的保护层至少为2 mm，为此有钢筋的水平灰缝厚度应不小于10 mm。对于一砖墙，纵向钢筋下面的一皮砖宜为丁砌。

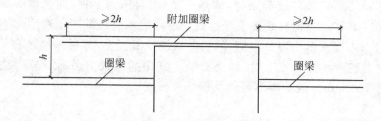

图 7-11 附加圈梁与圈梁搭接

# 五、钢筋混凝土填心墙工程

## 1. 钢筋混凝土填心墙的构造要点

1）墙片是由普通砖和砂浆砌筑而成,砖的强度应不低于 MU10,砂浆强度应不低于 M5,墙厚至少为 115 mm。混凝土强度等级应不低于 C20。

2）竖向受力钢筋的直径和间距应按计算确定。其直径不应小于 10 mm,水平分布钢筋的直径不应小于 8 mm,垂直方向间距不应大于 500 mm。拉结钢筋直径可选用 4～6 mm,垂直与水平方向间距均不应大于 500 mm,并不应小于 120 mm。

## 2. 钢筋混凝土填心墙的施工方法

钢筋混凝土填心墙可采用低位浇灌混凝土和高位浇灌混凝土两种施工方法。

1）低位浇筑混凝土法。

先竖立受力钢筋,绑扎好水平分布钢筋,并临时固定。再同时砌筑两侧墙片,每次砌筑高度不超过 600 mm,砌筑时按设计要求在砖墙水平灰缝中放置拉结钢筋,拉结钢筋与受力钢筋绑牢。当砌筑砂浆强度达到使墙片能承受混凝土产生的侧压力时,将落入两墙片之间的砂浆和砖渣等杂物清理干净,向墙片里侧浇水使其湿润。再分层浇筑混凝土,逐层振捣密实。这一过程反复进行,直至墙体全部完成。

2）高位浇筑混凝土法。

先竖立受力钢筋,绑扎好水平分布钢筋,并临时固定。再同时砌筑两侧墙片至全高,但不得超过 3 m。两墙片砌筑高度差不应大于墙内拉结钢筋的竖向间距。砌筑时按设计要求在砖墙水平灰缝中设置拉结钢筋,拉结钢筋与受力钢筋绑牢。在一片砖墙的底部要预留若干清理洞,墙片砌完后,从清理洞口中掏出落入两墙片间的砂浆和碎砖等杂物,清理干净后,再用同品种、同强度等级的砖和砂浆将洞口填塞。当砌筑砂浆强度达到使墙片能承受住混凝土产生的侧压力时(不少于 3 d),浇水湿润墙片里侧,然后分层浇筑混凝土,逐层振捣密实。

采用上述两种方法施工时,振捣混凝土宜用插入式振动器。分层浇捣厚度不宜超过 200 mm。振动棒不要触及钢筋及砖墙。

# 六、砖砌体与钢筋混凝土构造柱的组合墙工程

## 1. 组合砖墙的构造要点

1)砂浆的强度等级不应低于 M5,构造柱的混凝土强度等级不宜低于 C20 级。

2)柱内竖向受力钢筋的混凝土保护层厚度应符合表 7-4 所列规定。

3)构造柱的截面尺寸不宜小于 240 mm×240 mm,其厚度不应小于墙厚。构造柱的其他构造要求见本部分"三、2. 构造柱的构造要点"相关要求。

## 2. 组合墙的施工技术要点

1)组合砖墙的施工程序应为先砌砖墙,后浇混凝土构造柱。

2)砖墙的砌筑方法同第四部分"二、砖砌体工程"所述砖墙的砌筑方法。

3)构造柱的砌筑方法同本部分"三、钢筋混凝土构造柱工程"所述。

# 七、配筋砌块砌体剪力墙工程

## 1. 配筋砌块砌体剪力墙的构造要点

1)材料强度等级。

强度等级应符合下列规定:

(1)砌块不应低于 MU10;

(2)砌筑砂浆不应低于 $M_b7.5$;

(3)灌孔混凝土不应低于 $C_b20$;

(4)当安全等级为一级或设计使用年限大于 50 年的配筋砌块砌体房屋,所使用材料的最低强度等级应至少提高一级。

2)配筋砌块砌体剪力墙的厚度、连梁截面宽度。

配筋砌块砌体剪力墙的厚度、连梁截面宽度不应小于 190 mm。

3)配筋砌块砌体剪力墙的构造配筋。

配筋砌块砌体剪力墙的构造配筋应符合下列规定：

（1）应在墙的转角、端部和孔洞的两侧配置竖向连接的钢筋,钢筋的直径不宜小于 12 mm。

（2）应在洞口的底部和顶部设置不小于 2φ10 的水平钢筋,其深入墙内的长度不宜小于 35 $d$ 和 400 mm。

（3）应在楼（屋）盖的所有纵横墙处设置现浇钢筋混凝土圈梁,圈梁的宽度和高度宜等于墙厚和砌块高。

圈梁的主筋不应少于 4φ10;圈梁的混凝土强度等级不宜低于同层混凝土块体强度等级的 2 倍,或该层灌孔混凝土的强度等级不应低于 C20。

（4）剪力墙其他部位的竖向和水平钢筋的间距不应大于墙长与墙高之半,不应大于 1200 mm。对局部灌孔的砌体,竖向钢筋的间距不应大于 600 mm。

4）配筋砌块窗间墙构造要求。

（1）按壁式框架设计的配筋砌块窗间墙、窗间墙的截面、墙宽不应小于 800 mm,也不宜大于 2400 mm;墙净高与墙宽之比不宜大于 5。

（2）窗间墙中的竖向钢筋:每片窗间墙中沿截面全高不应少于 4 根钢筋,沿墙的全截面应配置足够的抗弯钢筋;竖向钢筋的含钢率不宜小于 0.2%,也不宜大于 0.8%。

（3）窗间墙中的水平分布钢筋,应在墙端部纵向钢筋处弯 180°标准钩,或等效的锚固措施;分布钢筋间距,在距梁底边倍墙宽范围内不应大于 1/4 墙宽,其余部位不应大于 1/2 墙宽;水平分布钢筋的配筋率不宜大于 0.15%。

5）配筋砌块砌体剪力墙边缘构件设置的构造要求。

（1）剪力墙端砌体作为边缘构件的规定。

① 应在距墙端至少 3 倍墙厚范围的孔中设置不小于 HRB 300 级φ12 的通长竖向钢筋;

② 当剪力墙端部设计压应力大于 $0.8fg$ 时（$fg$ 为灌孔砌体抗压强度设计值）,应设置间距不大于 200 mm、直径不小于 6 mm 的水平钢箍,该水平钢箍宜设置在灌孔混凝土中。

（2）剪力墙端设置混凝土柱作为边缘构件的规定。

① 柱的截面宽度等于墙厚,长度宜为 1～2 倍的墙厚,并不应小于 200 mm;

② 柱的混凝土强度等级不宜低于该墙体块体强度等级的 2 倍,或该墙体灌孔混凝土的强度等级不应低于 $C_b$20 级;

③ 柱的竖向钢筋不宜小于 4φ12,箍筋宜为φ6,间距为 200 mm;

④ 墙体中的水平钢筋应在柱中锚固,并应满足钢筋的锚固要求;

⑤ 柱的施工顺序宜为先砌砌块墙体,后浇混凝土。

## 2. 配筋砌块砌体剪力墙连续梁的构造要点

1) 砌块砌体连梁的构造规定。

(1) 连梁的高度不应小于两皮砌块的高度和 400 mm；

(2) 连梁采用 H 形砌块或凹槽砌块组砌,孔洞应全部浇灌混凝土；

(3) 连梁的上下水平受力钢筋宜对称、通长设置,在灌孔砌体内的锚固长度不应小于 35$d$ 和 400 mm；

(4) 连梁水平受力钢筋的含钢率不宜小于 0.2%,也不宜大于 0.8%；

(5) 连梁的箍筋的直径不应小于 6 mm,间距不宜大于 1/2 梁高和 600 mm；

(6) 在距支座等于梁高范围内的箍筋间距不应大于 1/4 梁高,距支座表面第 1 根箍筋的间距不应大于 100 mm；

(7) 箍筋的面积配筋率不宜小于 0.15%；

(8) 箍筋宜为封闭式,双肢箍末端弯钩为 135°；单肢箍末端的弯钩为 180°,或弯钩 90°加 12 倍箍筋直径的延长段。

2) 钢筋混凝土连梁的构造规定。

(1) 连梁混凝土的强度等级不宜低于同层墙体块体强度等级的 2 倍,或同层墙体灌孔混凝土的强度等级不应低于 C20 级。

(2) 其他构造的符合《混凝土结构设计规范》(GB 50010—2010)有关规定要求。

## 3. 配筋砌块砌体柱的构造要求

1) 配筋砌块砌体柱的构造。

配筋砌块砌体柱的构造如图 7-12 所示。

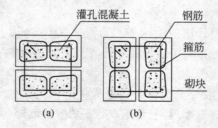

**图 7-12　配筋砌块砌体柱截面示意**

(a)下皮；(b)上皮

2) 配筋砌块砌体柱的构造要求。

(1) 材料强度等级应符合《砌体结构工程施工质量验收规范》(GB 50203—2011)的规定。

（2）柱截面边长不宜小于 400 mm，柱高度与截面短边之比不宜大于 30。

（3）柱的纵向钢筋的直径不宜小于 12 mm，数量不应少于 4 根，全部纵向受力钢筋的配筋率不宜小于 0.2%。

（4）柱中箍筋的设置应根据下列情况确定：

① 当纵向钢筋的配筋率大于 0.25%，且柱承受的轴向力大于受压承载力设计值的 25%时，柱应设箍筋；当配筋率≤0.25%时，或柱承受的轴向力小于受压承载力设计值的 25%时，柱中可不设置箍筋。

② 箍筋直径不宜小于 6mm。

③ 箍筋的间距不应大于 16 倍的纵向钢筋直径、48 倍箍筋直径及柱截面短边尺寸中较小者。

④ 箍筋应封闭，端部应弯钩。

⑤ 箍筋应设置在灰缝或灌孔混凝土中。

## 4. 配筋砌块砌体中钢筋的技术要点

1）钢筋的规格。

钢筋的规格应符合下列规定：

（1）钢筋的直径不宜大于 25 mm，当设置在灰缝中时不应小于 4 mm；

（2）配置在孔洞或空腔中的钢筋面积不应大于孔洞或空腔面积的 6%。

2）钢筋的设置。

钢筋的设置应符合下列规定：

（1）设置在灰缝中钢筋的直径不宜大于灰缝厚度的 1/2；

（2）两平行钢筋间的净距不应小于 25 mm；

（3）柱和壁柱中的竖向钢筋的净距不宜小于 40 mm（包括接头处钢筋的净距）。

3）钢筋的锚固。

钢筋在灌孔混凝土中的锚固应符合下列规定：

（1）当计算中充分利用竖向受拉钢筋强度时，其锚固长度 $l_a$，对 HRB335 级钢筋不宜小于 $30d$，对 HRB400 和 RRB400 级钢筋不宜小于 $35d$。在任何情况下钢筋（包括钢丝）锚固长度不应小于 300 mm。

（2）竖向受拉钢筋不宜在受拉区截断，如必须截断时，应延伸至正截面受弯承载力计算不需要该钢筋的截面以外，延伸的长度不应小于 $20d$。

（3）竖向受压钢筋在跨中截断时，必须延伸至按计算不需要该钢筋的截面以外，延伸的长度不应小于 $20d$；对绑扎骨架中末端无弯钩的钢筋，不应小于 $25d$。

（4）钢筋骨架中的受力光面钢筋应在钢筋末端作弯钩，在焊接骨架、焊接网以及轴心受压构件中,可不做弯钩;绑扎骨架中的受力变形钢筋,在钢筋的末端可不做弯钩。

4)钢筋的接头规定。

钢筋的直径大于 22 mm 时采用机械连接接头,接头的质量应符合有关标准、规范的规定。其他直径的钢筋可采用搭接接头,并应符合下列要求:

(1)钢筋的接头位置宜设置在受力较小处;

(2)受拉钢筋的搭接接头长度不应小于 $1.1l_a$,受压钢筋的搭接接头长度不应小于 $0.7l_a$,但不应小于 300 mm;

(3)当相邻接头钢筋的间距不大于 75 mm 时,其搭接长度应为 $1.2l_a$。当钢筋间的接头错开 20d 时,搭接长度可不增加。

5)水平钢筋的锚固与搭接。

水平受力钢筋(网片)的锚固和搭接长度应符合下列规定:

(1)在凹槽砌块混凝土带中,钢筋的锚固长度不宜小于 30d,且其水平或垂直弯折段的长度不宜小于 15d 和 200 mm;钢筋的搭接长度不宜小于 35d。

(2)在砌体水平灰缝中,钢筋的锚固长度不宜小于 50d,且其水平或垂直折段的长度不宜小于 20d 和 150 mm;钢筋的搭接长度不宜小于 55d。

(3)在隔皮或错缝搭接的灰缝中为 $50d+2h$,d 为灰缝受力钢筋的直径;h 为水平灰缝的间距。

6)保护层厚度。

钢筋的最小保护层厚度应符合下列要求:

(1)灰缝中钢筋外露砂浆保护层不宜小于 15 mm;

(2)位于砌块孔槽中的钢筋保护层,在室内正常环境不宜小于 20 mm,在室外或潮湿环境不宜小于 30 mm。

# 第八部分 填充墙砌体工程

## 一、填充墙砌体施工要求

### 1. 施工准备

1）在填充墙块材的运输、装卸过程中，严禁抛掷和倾倒。进场后应按品种、规格分类堆放整齐，堆置高度不宜超过 2 m。加气混凝土砌块应防止雨淋。

2）当采用蒸压加气混凝土砌块、轻骨料混凝土小型空心砌块砌筑时，其产品龄期应超过 28 d。

3）填充墙砌体砌筑时，块材应提前 2 d 浇水湿润。蒸压加气混凝土砌块砌筑时，应向砌筑面适量浇水。

### 2. 填充墙砌筑技术要求

1）用轻骨料混凝土空心砌块和加气混凝土砌块砌筑填充墙时，墙底部应砌烧结普通砖或多孔砖，或普通混凝土小型空心砌块，或现浇混凝土坎台等。

2）预埋在柱中的拉结钢筋或网片，必须准确地砌入填充墙的灰缝中。其埋置长度应符合设计要求，竖向位置偏差不应超过一皮空心砖或砌块的高度。

3）填充墙与框架柱之间缝隙应采用砂浆填实。

4）填充墙砌筑时应错缝搭砌，蒸压加气混凝土砌块搭砌长度不应小于砌块长度的 1/3，轻骨料混凝土小型空心砌块搭砌长度不应小于 90 mm，竖向通缝不应大于 2 皮。

5）填充墙的灰缝厚度和宽度应正确。空心砖、轻骨料混凝土小型空心砌块的砌体灰缝应为 8～12 mm，蒸压加气混凝土砌块砌体的水平灰缝厚度及竖向灰缝宽度分别宜为 15 mm 和 20 mm。

6）填充墙接近梁、板底时，应留有一定空隙，在抹灰前采用侧砖、立砖或砌块斜砌挤紧，倾斜角度宜为 60°左右，砌筑砂浆应饱满。

# 二、普通砖填充墙砌体工程

## 1. 普通砖填充墙砌体砌筑要点

1) 墙体拉结筋焊接。

(1) 每一楼层砖墙施工前,必须把墙、柱上填充墙体预留拉结筋按规范要求焊接完毕,拉结筋每 500 mm 高留一道,每道设 2φ6 钢筋长度≥1000 mm,端部设 90°弯钩。单面搭接焊的焊缝长度应≥10 $d$,双面搭接焊的焊缝长度应≥5 $d$。焊接不应有咬边、气孔等质量缺陷,并进行焊接质量检查验收。

(2) 在框架柱上采用后植式埋设拉结筋,应通过拉拔强度试验。

2) 施工放线。

根据楼层中的控制轴线,事先测放出每一楼层墙体的轴线和门窗洞口的位置线,将窗台和窗顶的位置标高线标识在框架柱上。待施工放线完成后,上报技术部门验收合格后,方可进行墙体砌筑。

3) 基层清理。

在砌筑砖体前应对墙基层进行清理,将楼层上的浮浆、灰尘清扫冲洗干净,并浇水使基层湿润。

4) 构造柱钢筋绑扎。

构造柱钢筋笼可预先制作。钢筋笼和原结构梁上预留插筋的搭接绑扎长度满足设计要求,柱子中心线应垂直。

5) 立皮数杆、排砖。

(1) 在皮数杆上或框架柱、墙上排出砖块的皮数及灰缝厚度,并标出窗台、洞口及墙梁等构造标高。

(2) 根据要砌筑的墙体长度、高度试排砖,摆出门、窗及孔洞的位置。

(3) 外墙第一皮砖摆底时,横墙应排丁砖,梁及梁垫的下面一皮砖、窗台等阶台水平面上一皮砖应用丁砖砌筑。

6) 砖墙砌筑。

(1) 砌筑砂浆要求:

① 砂浆的配合比应用重量比,水泥、有机塑化剂和冬期施工中的掺用的防冻剂等配料精度为±2%,砂及掺和料±5%。砂应计入其含水量对配料的影响。

② 水泥及水泥混合砂浆搅拌时间不少于 2 min;水泥粉煤灰砂浆和掺外加剂的砂浆不得少于 3 min;掺用有机塑化剂的砂浆,必须采用机械搅拌。搅拌时间自投料完算起为 3~5 min。

③ 水泥砂浆的最小用量不宜小于 200 kg/m³。水泥混合砂浆中水泥和掺加料总量宜为 300～350 kg/m³。

④ 砂浆的分层度不应大于 30 mm,砂浆的稠度宜为 70～90 mm。

⑤ 砂浆应随拌随用,水泥或水泥混合砂浆一般应在拌和后 3～4 h 内用完;气温在 30℃以上时,应在 2～3 h 内用完。严禁使用已硬化或过夜砂浆。

⑥ 墙砌体采用铺浆砌筑法时,应在铺浆后,立即砌筑,铺浆长度不得超过 750 mm;施工期间气温超过 30℃时,铺浆长度不得超过 500 mm。

(2)砖应提前 1～2 d 浇水湿润,湿润程度达到水浸润砖体 15 mm 为宜,含水率为 10%～15%;灰砂砖、粉煤灰砖含率宜为 5%～8%。不宜在砌筑时临时浇水,严禁干砖上墙,严禁在砌筑后向砖墙冲水。冬期施工防止砖块浇水形成薄冰。

(3)挂线。

砌筑一砖厚以下混水墙时,宜采用单面外手挂线,可照顾砖墙两面平整。砌筑一砖半厚以上者,必须双面挂线。如果长墙几个人同时砌筑共用一根通线,中间应设支线点,小线要拉紧,每层砖都要穿线看平,使水平缝均匀一致,平直通顺。

(4)砌砖。

① 组砌方法:普通砖墙厚度在一砖以上可采用一顺一丁、梅花丁或三顺一丁的砌法。砖墙厚度 3/4 砖时,采用两平一侧的砌法,弧形墙可采用全丁的砌法。

② 砖体砌筑必须内外搭砌,上下错缝,灰缝平直,砂浆饱满。砌砖采用"四一"或铺浆法砌筑,并随手将挤出的砂浆刮去。通过对砖的挤揉使砂浆进入砖竖缝内,并使砂浆黏结饱满,增加砖体间的黏结能力。操作时要经常进行自检,如有偏差,应随时纠正,严禁事后采用撞砖纠正。

③ 砖缝宽度:墙体砌筑灰缝应横平竖直、上下错位 1/2 砖搭砌。水平灰缝厚度为 8～12 mm,确保灰缝砂浆黏结饱满度达 80%以上。竖向灰缝宽度应控制在 8～12 mm,在水平铺灰时,竖缝要添灰堵实,不产生透缝现象。

④ 砖墙砌筑时除设置构造柱的部位外,墙体的转角处和交接处应同时砌筑,严禁无可靠措施的内外墙分砌施工。

⑤ 墙体一般不留槎,如必须留置临时间断处,应砌成斜槎,烧结普通砖砌体的斜槎长度不应小于高度的 2/3;施工中不能留成斜槎时,除转角处外,可于墙中引出直凸槎(抗震设防地区不得留直槎)。直槎墙体每间隔高度≤500 mm,应在灰缝中加设拉结钢筋,拉结筋数量按每 12 mm 墙厚放置一根φ6 的钢筋,埋入长度从墙的留槎处算起,两边均不应小于 500 mm,末端应有 90°弯钩。拉结筋

不得穿过烟道和通气道。

⑥ 砌体接槎时,必须将接槎处的表面清理干净,浇水湿润,并应填实砂浆,保持灰缝平直。

⑦ 木砖预埋:木砖经防腐处理,木纹应与钉子垂直,埋设数量按洞口高度确定;洞口高度≤2 m 时,每边放 2 块,高度在 2~3 m 时,每边放 3~4 块。预埋木砖的部位一般在洞口上下四皮砖处开始,中间均匀分布或按设计预埋。

⑧ 砖墙勾缝:清水墙砌筑应随砌随划缝,划缝深度按图纸尺寸要求进行;如图纸没有明确规定,一般深度为 6~8 mm,缝深浅应一致,清扫干净。砌体应保证灰缝平直,宽度、深度均匀,颜色一致。砌混水墙应随砌随将溢出砖墙面的灰迹块刮除。

⑨ 设计墙体上应预埋、预留的构造,应随砌随留、随复核,确保位置正确,构造合理。

7）构造柱砌筑。

（1）构造柱的截面尺寸一般为 240 mm×240 mm,构造柱与墙体的连接处应砌成马牙槎。马牙槎应"先退后进",二退二进,并沿墙高每 500 mm 设 2φ6 拉结筋,钢筋端部设 90°弯钩,深入墙内不宜小于 1 000 mm。拉结筋应事先放在砌筑操作现场,保证随用随拿。拉结筋应靠构造柱纵筋内边穿过。

（2）马牙槎边缘对挤揉出来的砂浆应用工具随手清除,防止凸出的砂浆"吃"进构造柱内。根部的落地灰、碎砖块等杂物应及时清除。

（3）支设构造柱模板时,宜采用对拉螺栓式夹具。为了防止模板与砖墙接缝处漏浆,宜用双面胶条黏结。构造柱模板根部应留垃圾清扫孔。

（4）在浇灌构造柱混凝土前,必须向柱内砌体和模板浇水润湿,并将模板内的落地灰清除干净,先注入适量水泥砂浆,再浇灌混凝土。振捣时,振捣器应避免触碰砖墙,严禁通过砖墙传振。

8）空斗砖墙砌筑。

（1）空斗墙仅适用于一砖墙,采用平砌和侧砌相结合,依其立面的砌筑形式,有一斗一卧、二斗一卧、三斗一卧、全斗四种砌法。

（2）空斗砌砖宜采用满刀灰法。应用整砖砌筑,砌筑前应试排,不够整砖处可加砌斗砖,不得砍凿斗砖。

（3）空斗墙中留置的洞口必须在砌筑时留出,严禁砌完后再行砍凿。

（4）砖墙最低的三皮和最顶的两皮应砌实心砖墙。外墙阴阳转角、丁字墙接头、门窗立边、过梁、宽 1 m 以内的窗间墙、预埋件、框架拉墙筋连接处及安装卫生器具等的边缘部分应砌筑实心砖墙。

## 2. 空心砖填充墙砌体砌筑要点

1）砌空心砖宜采用刮浆法。竖缝应先批砂浆后再砌筑。当孔洞呈垂直方向时，水平铺砂浆，应用套板盖住孔洞，以免砂浆掉入孔洞内。

2）空心砖墙应采用全顺侧砌，上下皮竖缝相互错开 1/2 砖长（图 8-1）。

3）空心砖墙中不够整砖部分，宜用无齿锯加工制作非整砖块，不得用砍凿方法将砖打断。补砌时应使灰缝砂浆饱满。

4）空心砖与普通砖墙交接处，应以普通砖墙引出不小于 240 mm 长与空心砖墙相接，并与隔 2 皮空心砖高在交接处的水平灰缝中设置 2φ6 钢筋作为拉结筋，拉结钢筋在空心砖墙中的长度不小于空心砖长加 240 mm（图 8-1）。

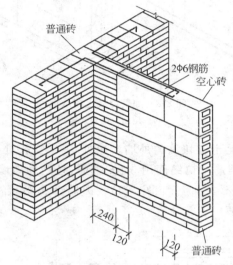

图 8-1　空心砖墙与普通砖墙交接

5）空心砖墙的转角处应用烧结普通砖砌筑，砌筑长度角边不小于 240 mm。

6）空心砖墙砌筑不得留斜槎或直槎，中途停歇时，应将墙顶砌平。在转角处、交接处，空心砖与普通砖应同时砌筑。

7）管线槽留置时，可采用弹线定位后用开槽机开槽，不得采用斩砖预留槽的方法。

# 三、蒸压加气混凝土砌块填充墙砌体工程

## 1. 加气混凝土砌块砌体构造

1）加气混凝土砌块仅用作砌筑墙体，有单层墙和双层墙。单层墙是砌块侧

立砌筑,墙厚等于砌块宽度。双层墙由两侧单层墙及其间拉结筋组成,两侧墙之间留 75 mm 宽的空气层。拉结筋可采用声φ4～φ6 钢筋扒钉(或 8 号铅丝),沿墙高 500 mm 左右放一层拉结筋,其水平间距为 600 mm(图 8-2)。

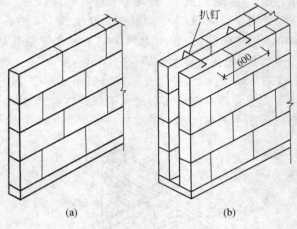

图 8-2 加气混凝土砌块墙

(a)单层墙;(b)双层墙

2)承重加气混凝土砌块墙的外墙转角处、T 字交接处、十字交接处均应在水平灰缝中设置拉结筋。拉结筋用 3φ6 钢筋,拉结筋沿墙高 1 m 左右放置一道,拉结筋伸入墙内不少于 1 m(图 8-3)。山墙部位沿墙高 1 m 左右加 3φ6 通长钢筋。

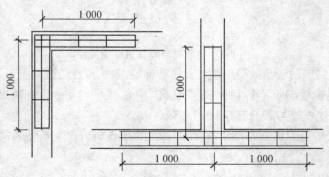

图 8-3 承重砌块墙灰缝中拉结筋

3)非承重加气混凝土砌块墙的转角处以及与承重砌块墙的交接处,也应在水平灰缝中设置拉结筋。拉结筋用 2φ6,伸入墙内不小于 700 mm(图 8-4)。

4)加气混凝土砌块墙的窗洞口下第一皮砌块下的水平灰缝内应放置 3φ6 钢筋,钢筋两端应伸过窗洞立边 500 mm(图 8-5)。

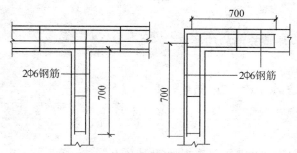

图 8-4 非承重砌块墙灰缝中拉结筋

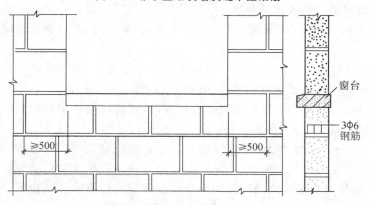

图 8-5 砌块墙窗洞口下附加筋

5) 加气混凝土砌块墙中洞口过梁,可采用配筋过梁或钢筋混凝土过梁。配筋过梁依洞口宽度大小配 2φ8 或 3φ8 钢筋。钢筋两端伸入墙内不小于 500 mm,其砂浆层厚度为 30 mm。钢筋混凝土过梁高度为 60 mm 或 120 mm,过梁两端伸入墙内不小于 250 mm(图 8-6)。

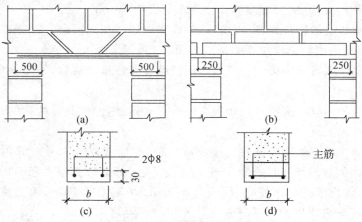

图 8-6 砌块墙窗中洞口过梁

(a)配筋过梁;(b)钢筋混凝土过梁;(c)配筋;(d)配筋连结

## 2. 加气混凝土砌块填充墙施工要点

1）工艺流程。

加气混凝土砌块施工工艺流程如下：

基层处理 → 砌加气混凝土块 → 砌块与门窗口连接 → 砌块与楼板连接

2）基层处理。

将砌筑加气混凝土砌块墙体根部的混凝土梁、柱的表面清扫干净，用砂浆找平，拉线，用水平尺检查其平整度。

3）为了减少施工现场切锯工作量，便于备料，砌筑前应进行砌块的排列设计。

4）根据排列图纸及砌块尺寸、灰缝厚度制作皮数杆，并立于墙的两端，两相对皮数杆的同皮标志处之间拉准线，在砌筑位置放出墙身边线。

5）砌筑前，应对砌块外观质量进行检查，尽可能用规格标准砌块，少用辅助规格和异型砌块，禁止用断裂砌块。

6）砌筑前应清除砌块表面污物，并应适量洒水湿润，含水率一般不超过 15%。

7）在加气混凝土砌块墙底部应用烧结普通砖或烧结多孔砖砌筑，也可用普通混凝土小型空心砌块或混凝土坎台砌筑，其高度不宜小于 200 mm。

8）不同干密度和强度等级的加气混凝土砌块不应混砌，加气混凝土砌块也不得与其他砖、砌块混砌。但在墙底、墙顶及门窗洞口处，局部采用普通黏土砖和多孔砖砌筑不视为混砌。

9）灰缝应横平竖直，砂浆饱满。水平灰缝厚度不得大于 15 mm。竖向灰缝宜用内外临时夹板加住后灌缝，其宽度不得大于 20 mm。

10）砌块墙的转角处，应隔皮纵、横墙砌块同时相互搭砌。砌块墙的 T 字交接处，应使横墙砌块隔皮端面露头。如图 8-7 所示。

11）砌到接近上层梁、板底时，宜用烧结普通砖斜砌挤紧，砖倾斜角度为 60°左右，砂浆应饱满。

12）墙体洞口上部应放置 2 根直径 6 mm 钢筋，伸过洞口两边的长度，每边不应小于 500 mm。

13）砌块墙与承重墙或柱交接处，应在承重墙或柱的水平灰缝内预埋拉结钢筋。拉结钢筋沿墙或柱高每 1 m 左右设一道，每道为 2 根直径 6 mm 的钢筋（带弯钩），伸出墙或柱面长度不小于 700 mm。在砌筑砌块时，将此拉结钢筋伸出部分埋置于砌块墙的水平灰缝中，如图 8-8 所示。

14）加气混凝土砌块墙上不得留脚手眼。

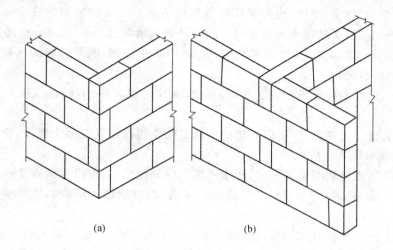

图 8-7　加气混凝土转角处和交接处砌法

(a)转角处；(b)交接处

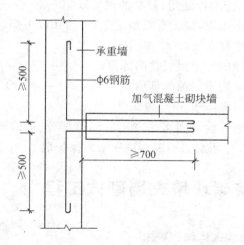

承重墙

φ6钢筋

加气混凝土砌块墙

图 8-8　加气混凝土砌块墙与承重墙的拉结

15)切锯砌块应使用专用工具,不得用斧或瓦刀任意砍劈。

16)加气混凝土砌块墙每天砌筑高度不宜超过1.8 m。

17)墙上孔洞需要堵塞时,应使用经过切锯的异形砌块或加气混凝土修补,或用砂浆填堵,不得用其他材料堵塞。

18)砌筑时,应在每一块砌块全长铺满砂浆。铺浆薄厚应均匀,砂浆面应平整。铺浆后立即放置砌块,要求对准皮数杆,一次摆正找平,保证灰缝厚度。如铺浆后没有立即放置砌块,砂浆凝固了,应铲去砂浆,重新铺浆。竖缝可用挡板堵缝法填满、捣实、刮平,也可采用其他填缝方法。每皮砌块均应拉水准线。灰缝应横平竖直,严禁用水冲浆灌缝。随砌随将灰缝勾成 0.5~0.8 mm 的凹缝。

19) 灌筑圈梁前,应清理基面、扫除灰渣,浇水湿润,圈梁外侧的保温块应同时润湿,然后浇注。

20) 钢筋混凝土预制窗台板,应在砌墙时先安装好,不应在立框后塞放窗台板。

21) 设计无规定时,不得有集中荷载直接作用在加气混凝土墙上,否则应设置梁垫或采取其他措施。

22) 对现浇混凝土养护时,浇水不能长时间流淌,以免出现砌块浸泡现象。

23) 穿越墙体的水管要严防渗透。穿墙、附墙或埋入墙内的铁件应做防腐处理。

24) 砌块墙体宜采用黏结性能良好的专用砂浆砌筑,也可用混合砂浆,砂浆的最低强度不宜低于 M2.5 级。有抗震及热工要求的地区,应根据设计选用砂浆砌筑。在寒冷和严寒地区,外墙应采用保温砂浆,不得用混合砂浆砌筑。砌筑砂浆必须搅拌均匀,随搅拌随用,砂浆的稠度以 70~100 mm 为宜。

25) 加气混凝土砌块,如无有效措施,不得用在以下部位:

(1) 建筑物的标高在 ±0.000 以下;

(2) 长期浸水或经常干湿交替的部位;

(3) 受酸碱化学物质侵蚀的部位;

(4) 制品表面湿度高于 80℃的部位。

26) 加气混凝土外墙墙面水平方向的凹凸部分,如线脚、雨罩、出檐、窗台,应作泛水或滴水,以免积水。墙表面应作饰面保护层。

# 四、粉煤灰砌块填充墙砌体工程

## 1. 粉煤灰砌块填充墙砌体构造要求

1) 墙、柱的高厚比应满足设计要求。

2) 在室内地坪以下,室内散水坡顶面以上的砌体内,应设置防潮层。室外明沟散水坡处的墙面应做水泥砂浆粉刷的勒脚。地面以下或防潮层以下的砌体,砌筑砂浆应采用强度等级不低于 M5 级的水泥砂浆。

3) 砌块的两侧宜留槽,灌缝后形成销键,以增强抗剪力。

## 2. 粉煤灰砌块填充墙砌筑形式

粉煤灰砌块的立面砌筑形式只有全顺一种,每皮砌块均为顺砌,上、下竖缝相互错开砌块长度的 1/3 以上,并不小于 150 mm,如不能满足时,在水平灰缝中应设置 2φ6 钢筋或φ4 钢筋网片加强,加强筋长度不小于 700 mm,如图 8-9 所示。

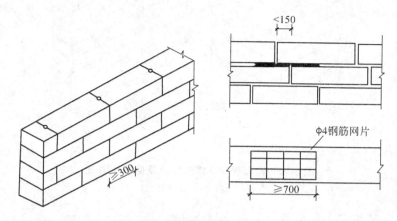

图 8-9 粉煤灰砌块墙砌筑形式

### 3. 粉煤灰砌块填充墙砌筑要点

1) 粉煤灰砌块的运输、装卸过程中严禁抛掷和倾倒。进场后应按品种、规格分类堆放整齐,堆置高度不宜超过 2m。

2) 粉煤灰砌块自产生之日算起,应放置 1 个月以后,方可用于砌筑。

3) 严禁使用干的粉煤灰砌块上墙,一般应提前 2d 浇水,砌块含水率宜为 8%～12%。不得随砌随浇。

4) 砌筑用砂浆应采用水泥混合砂浆。

5) 灰缝应横平竖直,砂浆饱满。水平灰缝厚度不得大于 15 mm,竖向灰缝宜用内外临时夹板灌缝,在灌浆槽中的灌浆高度应不小于砌块高度,个别竖缝宽度大于 30 mm 时,应用细石混凝土灌缝。

6) 粉煤灰砌块墙的转角处,应隔皮纵、横墙砌块相互搭砌,隔皮纵、横墙砌块端面露头。在 T 自交接处,隔皮使横墙砌块端面露头。凡露头砌块应用粉煤灰砂浆将其填补抹平,如图 8-10 所示。

7) 粉煤灰砌块墙与普通砖承重墙或柱交接处,应沿墙高 1 m 左右设置 3 根直径 4 mm 的拉结钢筋,拉结钢筋深入砌块墙内长度不小于 700 mm。

8) 粉煤灰砌块墙与半砖厚普通砖墙交接处,应沿墙高 800 mm 左右设置直径 4 mm 钢筋网片,钢筋网片形状依照两种墙交接情况而定。置于半砖墙水平灰缝中的钢筋为 2 根,伸入长度不小于 360 mm;置于砌块墙水平灰缝中的钢筋为 3 根,伸入长度不小于 360 mm,如图 8-11 所示。

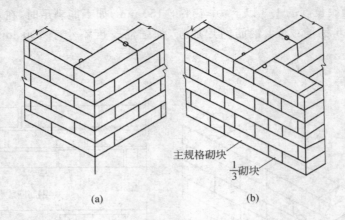

**图 8-10 粉煤灰砌块墙转角处及交接处砌法**

(a)转角处；(b)交接处

9) 墙体洞口上部应放置 2 根直径 6 mm 钢筋,伸过洞口两边长度不小于 500 mm。

10) 洞口两侧的粉煤灰砌块应锯掉灌浆槽。锯割砌块应用专用手锯,不得用斧或瓦刀任意砍劈。

11) 粉煤灰砌块墙上不得留脚手眼。

12) 粉煤灰砌块墙每天砌筑高度不应超过 1.5 m 或一步脚手架高度。

13) 构造柱间距不大于 8 m,墙与柱之间应沿墙高每皮水平灰缝中加设 2φ6 连接筋,钢筋伸入墙中不少于 1 m。构造柱应与墙连结。

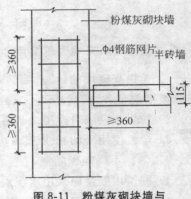

**图 8-11 粉煤灰砌块墙与 半砖墙交接处**

14) 砌块墙体宜作内外抹灰。在粉刷前应对墙面上的孔洞和缺损砌块进行修补填实。墙面应清除干净,并用水泥砂浆拉毛或做界面层,以利黏结。

通常内墙面为白灰砂浆和纸筋灰罩面,外墙用混合砂浆,墙裙和踢脚板为水泥砂浆粉刷。

# 五、轻骨料混凝土空心砌块填充墙砌体工程

## 1. 轻骨料混凝土空心砌块填充墙的砌筑形式

轻骨料混凝土空心砌块的主规格为 390 mm×190 mm×190 mm,常用全顺

砌筑形式,墙厚等于砌块宽度。上下皮竖向灰缝相互错开 1/2 砌块长,并不应小于 120 mm,如不能保证时,应在水平灰缝中设置 2 根直径 6mm 的拉结钢筋或直径 4mm 的钢筋网片,如图 8-12 所示。

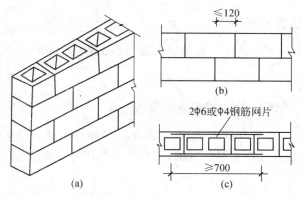

**图 8-12 轻骨料混凝土空心砌块墙砌筑形式**
(a)轻骨料混凝土空心砌块墙体;(b)竖向灰缝错开;(c)钢筋网片布置

### 2. 轻骨料混凝土空心砌块填充墙的砌筑要点

1) 对轻骨料混凝土空心砌块宜提前 2 d 以上适当浇水湿润。严禁雨天施工,砌块表面有浮水时亦不得进行砌筑。

2) 砌块应保证有 28 d 以上的龄期。

3) 砌筑前应根据砌块皮数制作皮数杆,并在墙体转角处及交接处竖立,皮数杆间距不得超过 15 m。

4) 砌筑时,必须遵守“反砌”原则,即使砌块底面向上砌筑。上下皮应对孔错缝搭砌。

5) 水平灰缝应平直,砂浆饱满,按净面积计算的砂浆饱满度不应低于 90%。竖向灰缝应采用加浆方法,使其砂浆饱满,严禁用水冲浆灌缝,不得出现瞎缝、透明缝,其砂浆饱满度不宜低于 80%。

6) 需要移动已砌好的砌块或对被撞动的砌块进行修整时,应清除原有砂浆后,在重新铺浆砌筑。

7) 墙体转角处及交接处应同时砌起,如不能同时砌起时,留槎的方法及要求同前文混凝土空心砌块墙中所述规定。

8) 每天砌筑高度不得超过 1.8 m。

9) 在砌筑砂浆终凝前后的时间,应浆灰缝刮平。

10) 轻骨料混凝土空心砌块墙的允许偏差同混凝土空心砌块墙的允许偏差。

# 六、空心玻璃砖墙体工程

## 1. 玻璃砖隔墙基础弹线

空心玻璃砖隔墙必须建在有足够承载力的墙基上,墙基高度、宽度按设计要求在地面上弹线。

## 2. 玻璃砖隔墙两端铝合金或槽钢竖框安装

先用线坠对准地下基础中线,返到隔墙两端结构基体墙上,在立墙弹线后,开始立起竖框,如有预埋件可以焊接,没有预埋件用镀锌膨胀螺栓固定。竖框位置要求正确、垂直,与墙体连接牢固。

## 3. 玻璃砖隔墙墙基施工

按线位置两侧模板,内放通长 $\phi 6$ 或 $\phi 8$ 钢筋,根数及截面符合设计要求。然后浇筑 C20 细石混凝土,上表面必须平整,两侧要垂直,并根据设计是否预埋铁连接件,或将竖向 $\phi 6$ 加强筋直接插入混凝土基础内,要严格控制间距及上标高平整。

## 4. 弹线、排砖

基础混凝土强度达到 1.2 MPa 以上(预留混凝土同条件试件;或拆模时,混凝土构件没有缺棱掉角现象即可)可以拆模。清理表面水泥浆后,弹空心玻璃砖隔墙实线,然后根据隔墙总长度对每块玻璃砖长及缝隙进行排列,检验模数是否合适,如果不符合要求,可调整墙两端框材宽度或在中间适当加立框。

根据玻璃砖厚度及隔墙总高度计算总层数(包括水平缝及 $\phi 6$ 水平筋位置),并将层数标记在隔墙两端竖框上(或立批数杆)。

## 5. 顶水平框安装

用线坠将地面隔墙线吊到结构顶上、弹线。然后将水平框材(或铝合金或槽钢)用镀锌膨胀螺栓固定,间距不大于 500 mm,注意平整度,必须牢固地与顶板混凝土结合。

## 6. 竖向分格框及水平竖向拉筋安装

(1)根据设计要求并兼顾排列砖模数需要,隔墙总长度内增设竖向分格框。

竖框底端与混凝土墙基上表面预埋件焊接,或通过连接件用镀锌膨胀螺栓固定。上端与顶层水平框通过连接螺栓相连接。

（2）纵横加强拉筋布置：为增强空心玻璃隔墙的稳定性,在砌体的水平和垂直方向布置φ6钢筋。当隔墙高度和长度都超过规定时（玻璃砖隔墙宽 B 大于 4600 mm,高大于 3000 mm）,在垂直方向上每 2 层空心玻璃砖水平布 2 根钢筋,在水平方向每 3 个缝至少布 1 根钢筋（垂直立筋插入空心玻璃砖齿槽内）,水平钢筋每端伸入金属框材尺寸不得少于 35 mm。随砌体高度每砌 2 层放 2 根,纵向钢筋应在隔墙砌筑之前预先安放好,根据隔墙弹线每隔 3 块条砖安放根纵向钢筋,两端头要连接牢固。纵横向钢筋根数应符合设计要求。

## 7. 空心玻璃砖隔墙砌筑要点

1）用 M5 白水泥砌筑砂浆。

2）空心玻璃砖之间接缝应符合设计要求,通常为对缝砌筑,缝隙一般不得小于 10 mm,且不得大于 30 mm。

3）从隔墙一端开始砌筑,要进行挂线,可以控制每层砖都在一个水平线上。横向加强筋随着砌筑层数放置,砌在卧缝砂浆中,不得暴露在明处。纵向加强筋也埋在立缝中,立缝上下要对齐。每砌完一层用靠尺检查墙的垂直度,并将流淌在玻璃砖上的灰浆擦干净。砌至 1.5 m 高为一施工段,待下部砌体材料达到强度再继续砌上部。

4）为了保证玻璃砖墙的平整性和砌筑方便,每层玻璃砖在砌筑前,宜在玻璃砖上放置木垫块,其长度有两种,见图 8-13。玻璃砖厚度为 50 mm,木垫块长度 35 mm；玻璃砖厚度为 80 mm,木垫块长 60 mm 左右。每块玻璃砖放 2 块,卡在玻璃砖的凹槽内,见图 8-14、图 8-15。

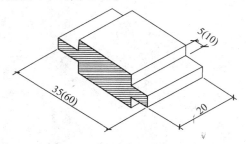

图 8-13　砌筑玻璃砖时的木垫块

5）隔墙端部玻璃砖砌筑前与竖向型材接触处按设计要求,贴滑缝用沥青毡条,填塞涨缝用硬质泡沫塑料及弹性密封剂。

6）隔墙最上层的空心玻璃砖应深入顶部的金属型材框内,深入尺寸不得小于 10 mm,且不得大于 25 mm。空心玻璃砖与顶部金属材框的腹面之间用木楔固定。

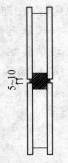

图 8-14　玻璃砖上下层的
安装位置

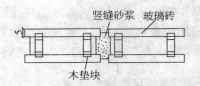

图 8-15　玻璃砖的安装方法

　　7)空心玻璃砖砌筑过程中,所有竖向齿槽内应用 1∶2 白水泥白石碴灌严,随砌随灌。

## 8. 勾缝、清理

　　(1)空心玻璃砖隔墙砌筑完之后,用棉丝将墙两侧擦干净,用 1∶1 白水泥勾缝,自上往下先勾水平缝,后勾立缝。如无设计要求时,凹缝深度为 4~5 mm。勾缝应做到横平竖直,深浅一致,十字缝搭接平整,压实,压光。

　　(2)勾完缝后两侧面清擦干净,玻璃表面洁净、色泽一致,清晰美观。

　　(3)隔墙长度内如设立分格柱,表面应用木装饰条或铝合金条镶贴。

# 第九部分　砌体工程的冬期和雨期施工及安全要求

## 一、砌体工程冬期施工

### 1. 冬期施工注意要点

1) 当室外日平均气温连续 5 d 稳定低于 5℃时,砌体工程应采取冬期施工措施。

注:① 气温根据当地气象资料确定;

② 冬期施工期限以外,当日最低气温低于 0℃时,也应按本条的规定执行。

2) 砌体工程冬期施工应有完整的冬期施工方案。

3) 冬期施工所用材料应符合下列规定:

(1) 石灰膏、电石膏等应防止受冻,如遭冻结,应经融化后使用;

(2) 拌制砂浆用砂不得含有冰块和大于 10 mm 的冻结块;

(3) 砌体用砖或其他块材不得遭水浸冻。

4) 冬期施工砂浆试块的留置,除应按常温规定要求外,尚应增不少于 1 组与砌体同条件养护的试块,用于检验转入常温 28 d 的强度。如有特殊需要,可另外增加相应龄期的同条件养护的试块。

5) 地基土有冻胀性时,应在未冻的地基上砌筑,并应防止在施工期间和回填土前地基受冻。

6) 冬期放工中戊、小砌块浇(喷)水湿润应符合下列规定:

(1) 烧结普通砖、烧结多孔砖、蒸压灰砂砖、蒸压粉煤灰砖、烧结空心砖、吸水率较大的轻骨料混凝土小型空心砌块在气温高于 0℃条件下砌筑时,应浇水湿润;在气温低于、等于 0℃条件下砌筑时,可不浇水,但必须增大砂浆稠度。

(2) 普通混凝土小型空心砌块、混凝土多孔砖、混凝土实心砖及采用薄灰砌筑法的蒸压加气混凝土砌块施工时,不应对其浇(喷)水湿润。

(3) 抗震设防烈度为 9 度的建筑物,当烧结普通砖、烧结多孔砖、蒸压粉煤灰砖、烧结空心砖无法烧水湿润时,如无特殊措施,不得砌筑。

7) 冬期施工的砌体工程质量验收还应符合国家现行标准《建筑工程冬期施工规程》(JGJ/T 104—2011)规定。

## 2. 氯盐外加剂法施工要点

1) 掺入氯盐(氯化钠、氯化钙)的水泥砂浆、水泥混合砂浆称为氯盐砂浆,采用这种砂浆砌筑砌体的方法称为氯盐外加剂法。

2) 氯盐砂浆所用氯盐以氯化钠(食盐)为主,气温在-15℃以下时可掺用氯化钠和氯化钙(双盐)。氯盐砂浆的掺盐量随盐及砌体材料、日最低气温而定,应符合表 9-1 所列规定。

表 9-1　氯盐砂浆的掺盐量(占用水量的%)

| 盐及砌体材料种类 | | | 日最低气温/℃ | | | |
|---|---|---|---|---|---|---|
| | | | ≥-10 | -11~-15 | -16~-20 | <-20 |
| 单盐 | 氯化钠 | 砖、砌块 | 3 | 5 | 7 | — |
| | | 石 | 4 | 7 | 10 | — |
| 双盐 | 氯化钠 | 砖、砌块 | — | — | 5 | 7 |
| | 氯化钙 | | — | — | 2 | 3 |

注:① 掺盐量以无水氯化钠和氯化钙确定。
　　② 氯化钠和氯化钙溶液的相对密度与含量关系可按表 9-2 换算。
　　③ 当有可靠试验依据时,也可适当增减盐类的掺量。
　　④ 日最低气温低于-20℃时,不宜砌石。

表 9-2　氯化钠与氯化钙溶液的相对密度与含量的关系

| 15℃时溶液相对密度 | 无水氯化钠含量/kg | | 15℃时溶液相对密度 | 无水氯化钙含量/kg | |
|---|---|---|---|---|---|
| | 1 dm³ 溶液中 | 1 kg 溶液中 | | 1 dm³ 溶液中 | 1 kg 溶液中 |
| 1.02 | 0.029 | 0.029 | 1.02 | 0.025 | 0.025 |
| 1.03 | 0.044 | 0.043 | 1.03 | 0.037 | 0.036 |
| 1.04 | 0.058 | 0.056 | 1.04 | 0.050 | 0.048 |
| 1.05 | 0.073 | 0.070 | 1.05 | 0.062 | 0.059 |
| 1.06 | 0.088 | 0.083 | 1.06 | 0.075 | 0.071 |
| 1.07 | 0.103 | 0.096 | 1.07 | 0.089 | 0.084 |
| 1.08 | 0.119 | 0.110 | 1.08 | 0.102 | 0.094 |
| 1.09 | 0.134 | 0.122 | 1.09 | 0.114 | 0.105 |
| 1.10 | 0.149 | 0.136 | 1.10 | 0.126 | 0.115 |
| 1.11 | 0.165 | 0.149 | 1.11 | 0.140 | 0.126 |

续表

| 15℃时溶液相对密度 | 无水氯化钠含量/kg | | 15℃时溶液相对密度 | 无水氯化钙含量/kg | |
|---|---|---|---|---|---|
| | 1 dm³ 溶液中 | 1 kg 溶液中 | | 1 dm³ 溶液中 | 1 kg 溶液中 |
| 1.12 | 0.181 | 0.162 | 1.12 | 0.153 | 0.137 |
| 1.13 | 0.198 | 0.175 | 1.13 | 0.166 | 0.147 |
| 1.14 | 0.214 | 0.188 | 1.14 | 0.180 | 0.158 |
| 1.15 | 0.230 | 0.200 | 1.15 | 0.193 | 0.168 |
| 1.16 | 0.246 | 0.212 | 1.16 | 0.206 | 0.178 |
| 1.17 | 0.263 | 0.224 | 1.17 | 0.221 | 0.189 |
| 1.175 | 0.271 | 0.231 | 1.18 | 0.236 | 0.199 |
| — | — | — | 1.19 | 0.249 | 0.209 |
| — | — | — | 1.20 | 0.263 | 0.219 |
| — | — | — | 1.21 | 0.276 | 0.228 |
| — | — | — | 1.22 | 0.290 | 0.238 |

注:相对密度即比重。

3）外加剂溶液配置应采用比重（密度）法测定溶液浓度。在氯盐砂浆中掺加微沫剂时,应先加氯盐溶液,后加微沫剂溶液,并应先配制成规定浓度溶液置于专用容器中,然后再按规定加入搅拌机中拌制成所需砂浆。

4）砂浆配置计量要准确,应以重量比为主,水泥、外加剂掺量的计量误差控制在±2%以内。

5）当采用加热方法时,砂浆的出机温度不宜超过 35℃,使用时的砂浆温度应不低于 5℃。

6）冬期施工砌砖时,砖与砂浆的温度差值宜控制在 20℃以内,最大不得超过 30℃。

7）冬期施工砖浇水有困难,可通过增加砂浆稠度解决砖含水率不足而影响砌筑质量等问题,但砂浆最大稠度不得超过 130 mm。

8）冬期施工砌砖,墙体每日砌筑高度以不超过 1.80 m 为宜,墙体留置的洞口,距交接墙处不应小于 50 cm。

9）冬期施工砌筑砌块时,不可浇水湿润砌块。砌筑砂浆宜选用水泥石灰混合砂浆,不宜用水泥砂浆或水泥黏土混合砂浆。为确保铺灰均匀,并且与砌块黏结良好,砂浆稠度宜为 50~60 mm。

10）施工过程中应将各种材料集中堆放,并用草帘草包遮盖保温,砌好的墙体也应用草帘遮盖。

11）施工时不可浇水润湿砌块。

12）砌筑砂浆宜选用水泥石灰混合砂浆，不宜用水泥砂浆或水泥黏土混合砂浆。为确保铺灰均匀，并与砌块黏结良好，砂浆稠度宜为 50～60 mm。

13）砌块就位后，如发现偏斜，可用人力轻轻推动或用小铁棒微微撬挪移动；发现高低不平，可用木锤敲击偏高处，直至校正为止。也可将块体吊起，重新铺平灰缝砂浆，再安装到水平。不得用石块或楔块等垫在砌块的底部以求平整。

14）下列工程不应采用氯盐外加剂法施工：

（1）对装饰有特殊要求的工程。

（2）有高压线路的建筑物，如变电所、发电站。

（3）热工要求高的工程。

（4）使用湿度大于 60％的工程。

（5）经常受 40℃以上高温影响的建筑物。

（6）经常处于地下水位变化范围及地下未设防水层的结构或构筑物。

15）配筋砌体不得采用掺氯盐的砂浆施工。

## 3. 暖棚法施工要点

暖棚法砌筑多用于较寒冷地区的地下工程和基础工程的砌体砌筑。

1）采用暖棚法施工，棚内的温度要求一般不低于＋5℃。

2）在暖棚法施工之前，应根据现场实际情况，结合工程特点，制订经济、合理、低耗、适用的方案措施，编制相应的材料进场计划和作业指导书。

3）采用暖棚法施工时，对暖棚的加热优先采用热风机装置。如利用天然气、焦碳炉或火炉加热时，施工时应严格注意安全防火和煤气中毒。对暖棚的热耗应考虑围护结构的热量损失。

4）采用暖棚法施工，搭设的暖棚要求坚实牢固，并要齐整，不过于简陋。出入口最好设一个，并设置在背风面，同时做好通风屏障，并用保温门帘。

5）暖棚内的砌体养护时间，应根据暖棚内温度，按表 9-3 确定。

表 9-3 砌体暖棚法施工的养护时间

| 暖棚内的温度/℃ | 5 | 10 | 15 | 20 |
|---|---|---|---|---|
| 养护时间/d | ≥6 | ≥5 | ≥4 | ≥3 |

6）施工中应做好同条件砂浆试块制作与养护，并同时做好测温记录。

## 二、砌体工程雨期施工

### 1. 雨期施工注意要点

1）雨期施工的工作面不宜过大，应逐段、逐区域地分期施工。

2）雨期施工前，应对施工场地原有排水系统进行检修疏通或加固，必要时应增加排水措施，保证水流畅通。另外，还应防止地面水流入场地内。在傍山、沿河地区施工，应采取必要的防洪措施。

3）基础坑边要设挡水埝，防止地面水流入。基坑内设集水坑并配足水泵。坡道部分应备有临时接水措施（如草袋挡水）。

4）基坑挖完后，应立即浇筑好混凝土垫层，防止雨水泡槽。

5）基础护坡桩距既有建筑物较近者时，应随时测定位移情况。

6）控制砌体含水率，不得使用过湿的砌块，以避免砂浆流淌，影响砌体质量。

7）确实无法施工时，可留接槎缝，但应做好接缝的处理工作。

8）施工过程中，考虑足够的防雨应急材料，如人员配备雨衣、电气设备配置挡雨板、成形后砌体的覆盖材料（如油布、塑料薄膜）。尽量避免砌体被雨水冲刷，以免砂浆被冲走，影响砌体质量。

### 2. 雨期安全施工要点

1）雨期施工基础放坡，除按规定要求外，必须做补强护坡。

2）脚手架下的基土夯实，搭设稳固，并有可靠的防雷接地措施。

3）雨天使用电气设备要有可靠防漏电措施，防止漏电伤人。

4）对各操作面上露天作业人员，准备好足够的防雨、防滑防护用品，确保工人的健康安全，同时避免造成安全事故。

5）严格控制"四口、五临边"的围护，设置道路防滑条。

6）雷雨时工人不要在高墙旁或大树下避雨，不要走近电杆、铁塔、架空电线和避雷针的接地导线周围 10 m 以内地区。

7）当有大雨或暴雨时，砌体工程一般应停工。

## 三、砌体工程施工安全要点

### 1. 砌筑砂浆工程安全要点

1）砂浆搅拌机械必须符合《建筑机械使用安全技术规程》（JGJ 33—2001）

及《施工现场临时用电安全技术规范》(JGJ 46—2005)有关规定。施工中应定期对其进行检查、维修,保证机械使用安全。

2) 落地砂浆应及时回收,回收时不得夹有杂物,并应及时运至拌和地点,掺入新砂浆中拌和使用。

## 2. 砌块砌体工程安全要点

1) 吊放砌块前应检查吊索及钢丝绳的安全可靠程度,不灵活或性能不符合要求的严禁使用。

2) 堆放在楼层上的砌块重量不得超过楼板允许承载力。

3) 所使用的机械设备必须安全可靠、性能良好,同时设有限位保险装置。

4) 机械设备用电必须符合三相五线制及三级保护规定。

5) 操作人员必须戴好安全帽,佩带劳动保护用品等。

6) 作业层的周围必须进行封闭围护,同时设置防护栏及张挂安全网。

7) 楼层内的预留孔洞、电梯口、楼梯口等必须进行防护,采取栏杆搭设的方法进行围护,预留洞口采取加盖的方法进行围护。

8) 砌体中的落地灰及碎砌块应及时清理成堆,装车或装袋运输,严禁从楼上或架子上抛下。

9) 吊装砌块和构件时应注意重心位置,禁止用起重拔杆拖运砌块,不得起吊有破裂、脱落、危险的砌块。

10) 起重拔杆回转时,严禁将砌块停留在操作人员上空或在空中整修、加工砌块。

11) 安装砌块时,不准站在墙上操作和在墙上设置受力支撑、缆绳等,在施工过程中,对稳定性较差的窗间墙、独立柱应加稳定支撑。

12) 因刮风使砌块和构件在空中摆动不能停稳时,应停止吊装工作。

## 3. 石砌体工程安全要点

1) 操作人员应戴安全帽和帆布手套。

2) 搬运石块应检查搬运工具及绳索是否牢固,抬石应用双绳。

3) 在架子上凿石应注意打凿方向,避免飞石伤人。

4) 砌筑时,脚手架上堆石不宜过多,应随砌随运。

5) 用锤打石时,应先检查铁锤有无破裂,锤柄是否牢固。打锤要按照石纹走向落锤,锤口要平,落锤要准,同时要看清附近情况,没有危险时落锤,以免伤人。

6) 不准在墙顶或脚手架上修改石材,以免振动墙体影响质量,或导致石片掉下伤人。

7) 石块不得往下掷。运石上下时,脚手板要钉装牢固,并钉装防滑条及扶手栏杆。

8) 堆放材料必须离开槽、坑、沟边沿 1 m 以外,堆放高度不得高于 0.5 m。往槽、坑、沟内运石料及其他物质时,应用溜槽或吊运,下方严禁有人停留。

9) 墙身砌体高度超过地坪 1.2 m 以上时,应搭设脚手架。

10) 砌石用的脚手架和防护栏板应经检查验收方可使用,施工中不得随意拆除或改动。

## 4. 填充墙砌体工程安全要点

1) 砌体施工脚手架要搭设牢固。

2) 外墙施工时,必须有外墙防护及施工脚手架,墙与脚手架间的间隙应封闭,以防高空坠物伤人。

3) 严禁站在墙上做划线、吊线、清扫墙面、支设模板等施工作业。

4) 在脚手架上,堆放普通砖不得超过 2 层。

5) 操作时精神要集中,不得嬉笑打闹,以防意外事故发生。

6) 现场实行封闭化施工,有效控制噪声、扬尘、废物、废水等排放。

# 第十部分　砌体工程质量通病及防治

## 一、砖基础

### 1. 基础轴线错位

1）现象。

砖基础由大放脚砌至室内地坪标高（±0.000）处，其轴线与上部墙体轴线错位。基础轴线位移多发生在住宅工程的内横墙，这将使上层墙体和基础产生偏心受压，影响结构受力性能。

2）原因分析。

（1）基础是将龙门板中线引至基槽内进行摆底砌筑。基础大放脚进行收分（退台）砌筑时，由于收分尺寸不易掌握准确，砌至大放脚顶处，再砌基础直墙部位容易发生轴线位移。

（2）横墙基础的轴线放线，一般应在槽边打中心桩，有的工程放线仅在山墙处有控制桩，横墙轴线由山墙一端排尺控制，由于基础一般是先砌外纵墙和山墙部位，待砌横墙基础时，基槽中线被封在纵墙基础外侧，无法吊线找中。若采取隔墙吊中，轴线容易产生更大的偏差。有的槽边中心控制桩由于堆土、放料或运输小车碰撞而丢失、移位。

3）防治措施。

（1）在建筑物定位放线时，外墙角处必须设置标志板（图 10-1），并有相应的保护措施，防止槽边堆土和进行其他作业时碰撞而发生移动。标志板下设永久性中心桩（打入地面一平，四周用混凝土封固）。标志板拉通线时，应先与中心桩核对。为便于机械开挖基槽，标志板也可在基槽开挖后钉设。

（2）横墙轴线不宜采用基槽内排尺方法控制，应设置中心桩。横墙中心桩应打入与地面一平，为便于排尺和拉中线，中心桩之间不宜堆土和放料，挖槽时应用砖覆盖，以便于清土寻找。在横墙基础拉中线时，可复核相邻轴线距离，以验证中心桩是否有移位情况。

（3）为防止砌筑基础大放脚收分不匀而造成轴线位移，应在基础收分部分砌完后拉通线重新核对，并以新定出的轴线为准，砌筑基础直墙部分。

（4）按施工流水分段砌筑的基础，应在分段处设置标志板。

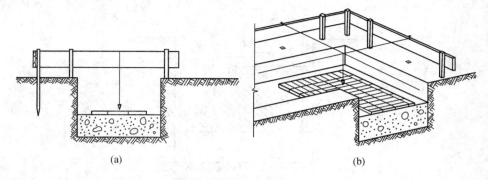

**图 10-1　外墙角设置标志板**
(a)标志板保护装置；(b)标准板设置

## 2. 基础标高偏差

1）现象。

基础砌至室内地坪(±0.000)处,标高不在同一水平面。基础标高相差较大时,会影响上层墙体标高的控制。

2）原因分析。

(1) 砖基础下部的基层(灰土、混凝土)标高偏差较大,因而在砌筑砖基础时对标高不易控制。

(2) 由于基础大放脚宽大,基础皮数杆不能贴近,难以察觉所砌砖层与皮数杆的标高差。

(3) 基础大放脚填芯砖采用大面积铺灰的砌筑方法,由于铺灰厚薄不匀或铺灰面太长,砌筑速度跟不上,砂浆因停歇时间过久挤浆困难,灰缝不易压薄而出现冒高现象。

3）防治措施。

(1) 应加强对基层标高的控制,尽量控制在允许负偏差之内。砌筑基础前应将基土垫平。

(2)基础皮数杆可采用小断面(20 mm×20 mm)方木或钢筋制作,使用时,将皮数杆直接夹砌在基础中心位置。采用基础外侧立皮数杆检查标高时,应配以水准尺校对水平(图 10-2)。

(3)宽大基础大放脚的砌筑应采取双面挂线保持横向水平,砌筑填芯砖应采取小面积铺灰,随铺随砌,顶面不应高于外侧跟线砖的高度。

## 3. 基础防潮层失效

基础防潮层做法大致有三种：

(1)抹 20 mm 厚 1∶2.5 水泥砂浆(掺适量防水剂)；

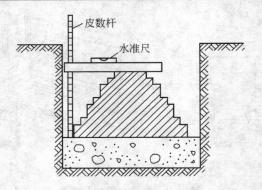

图 10-2　水准尺校对水平情况

（2）M10 水泥砂浆砌二砖三缝；

（3）60 mm 厚 C15 或 C20 混凝土圈梁。

1）现象。

防潮层开裂或抹压不密实，不能有效地阻止地下水分沿基础向上渗透，造成墙体经常潮湿，使室内粉刷层剥落。外墙受潮后，经盐碱和冻融作用，年久砖墙表皮逐层酥松剥落，影响居住环境卫生和结构承载力。

2）原因分析。

（1）防潮层的失效不是当时或短期内能发现的质量问题，因此，施工质量容易被忽视。如施工中经常发生砂浆混用，将砌基础剩余的砂浆作为防潮砂浆使用，或在砌筑砂浆中随意加一些水泥，这些都达不到防潮砂浆的配合比要求。

（2）在防潮层施工前，基面上不做清理，不浇水或浇水不够，影响防潮砂浆与基面的黏结。操作时表面抹压不实，养护不好，使防潮层因早期脱水，强度和密实度达不到要求，或者出现裂缝。

（3）冬期施工防潮层因受冻失效。

3）防治措施。

（1）防潮层应作为独立的隐蔽工程项目，在整个建筑物基础工程完工后进行操作，施工时尽量不留或少留施工缝。

（2）防潮层下面三层砖要求满铺满挤，横、竖向灰缝砂浆都要饱满，240 mm 墙防潮层下的顶皮砖应采用满丁砌法。

（3）防潮层施工宜安排在基础房心土回填后进行，避免填土时对防潮层的损坏。

（4）如设计对防潮层做法未做具体规定时，宜采用 20 mm 厚 1∶2.5 水泥砂浆掺适量防水剂做法，操作要求如下。

① 清除基面上的泥土、砂浆等杂物，将被碰动的砖块重新砌筑，充分浇水润湿，待表面略见风干，即可进行防潮层施工。

② 两边贴尺抹防潮层,保证 20 mm 厚度。不允许通过改变防潮层厚度调整基础标高的偏差。

③ 砂浆表面用木抹子揉平,待开始起干时,即可进行抹压(2～3 遍)。抹压时可在表面撒少许干水泥或刷一遍水泥净浆,以进一步堵塞砂浆毛细管通路。防潮层施工应尽量不留施工缝,一次做齐。如必须留置,则应留在门口位置。

④ 防潮层砂浆抹完后,第二天即可浇水养护。可在防潮层上铺 20～30 mm 厚砂子,上面盖一层砖,每日浇水 1 次,这样能保持良好的潮湿养护环境。至少养护 3 d,才能在上面砌筑墙体。

⑤ 60 mm 厚混凝土圈梁的防潮层施工,应注意混凝土石子级配和砂石含泥量,圈梁面层应加强抹压,也可采取撒干水泥压光处理,养护方法同水泥砂浆防潮层。

⑥ 防潮层砂浆和混凝土中禁止掺盐,在无保温条件下,不应进行冬期施工。防潮层应按隐蔽工程进行验收。

# 二、墙、柱、垛

## 1. 砖砌体组砌混乱

1)现象。

混水墙面组砌方法混乱,出现直缝和"二层皮",砖柱采用先砌四周后填心的包心砌法,里外皮砖层互不相咬,形成周圈通天缝,降低了砌体强度和整体性。砖规格尺寸误差对清水墙面影响较大,如组砌形式不当,形成竖缝宽窄不均,影响美观。

2)原因分析。

(1)因混水墙面要抹灰,操作人员容易忽视组砌形式,或者操作人员缺乏砌筑基本技能,因此,出现多层砖的直缝和"二层皮"现象。

(2)砌筑砖柱需要大量的七分砖满足内外砖层错缝要求(图 10-3),打制七分砖会增加工作量,影响砌筑效率,而且砖损耗很大。在操作人员思想不够重视又缺乏严格检查的情况下,三七砖柱施工习惯采用包心砌法(图 10-4)。

3)防治措施。

(1)应使操作者了解砖墙组砌形式不单是为了清水墙美观,同时也是为了使墙体具有较好的受力性能。因此,墙体中砖缝搭接不得少于 1/4 砖长,内外皮砖层最多隔 200 mm 就应有一层丁砖拉结。烧结普通砖采用一顺一丁、梅花丁或三顺一丁砌法,多孔砖采用一顺一丁或梅花丁砌法,均可满足这一要求。为了节约,允许使用半砖头,但应分散砌于混水墙中。

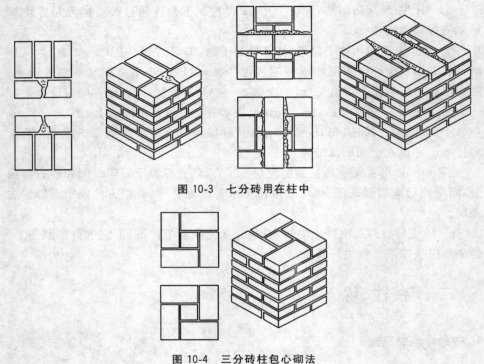

图 10-3　七分砖用在柱中

图 10-4　三分砖柱包心砌法

（2）加强对操作人员的技能培训和考核，达不到技能要求者，不能上岗操作。

（3）砖柱的组砌方法应根据砖柱断面尺寸和实际使用情况统一考虑，但不允许采用包心砌法。

（4）砌筑砖柱所需的异形尺寸砖，宜采用无齿锯切割，或在砖厂生产。

（5）砖柱横竖向灰缝的砂浆都必须饱满，每砌完一层砖，都要进行一次竖缝刮浆塞缝工作，以提高砌体强度。

（6）墙体组砌形式的选用，可根据受力性能和砖的尺寸误差确定。一般清水墙面常选用一顺一丁和梅花丁组砌方法；砖砌蓄水池宜采用三顺一丁组砌方法；双面清水墙，如工业厂房围护墙、围墙，可采取三七缝组砌方法。由于一般砖长度正偏差、宽度负偏差较多，采用梅花丁组砌形式可使所砌墙面的竖缝宽度均匀一致。在同一栋号工程中，应尽量使用同一砖厂的砖，以避免因砖的规格尺寸误差而经常变动组砌方法。

## 2. 砖缝砂浆不饱满,砂浆与砖黏结不良

1)现象。

砌体水平灰缝砂浆饱满度低于 80%;竖缝出现瞎缝,特别是空心砖墙,常出现较多的透明缝;砌筑清水墙采取大缩口铺灰,缩口缝深度甚至达 20 mm 以上,影响砂浆饱满度。砖在砌筑前未浇水湿润,干砖上墙,或铺灰长度过长,致使砂浆与砖黏结不良。

2)原因分析。

(1)低强度等级的砂浆,如使用水泥砂浆,因水泥砂浆和易性差,砌筑时挤浆费劲,操作者用大铲或瓦刀铺刮砂浆后,使底灰产生空穴,砂浆不饱满。

(2)用干砖砌墙,使砂浆早期脱水而降低强度,且与砖的黏结力下降,而干砖表面的粉屑又起隔离作用,减弱了砖与砂浆层的黏结。

(3)用铺浆法砌筑,有时因铺浆过长,砌筑速度跟不上,砂浆中的水分被底砖吸收,使砌上的砖层与砂浆失去黏结。

(4)砌清水墙时,为了省去刮缝工序,采取大缩口的铺灰方法,使砌体砖缝缩口深度达 20 mm 以上,既降低了砂浆饱满度,又增加了勾缝工作量。

3)防治措施。

(1)改善砂浆和易性是确保灰缝砂浆饱满度和提高黏结强度的关键。

(2)改进砌筑方法。不宜采取铺浆法或摆砖砌筑,应推广"三一"砌砖法,即使用大铲,一块砖、一铲灰、一挤揉的砌筑方法。

(3)当采用铺浆法砌筑时,必须控制铺浆的长度,一般气温情况下不得超过 750 mm,当施工期间气温超过 30℃时,不得超过 500 mm。

(4)严禁用干砖砌墙。砌筑前 1~2 d 应将砖浇湿,使砌筑时烧结普通砖和多孔砖的含水率达到 10%~15%,灰砂砖和粉煤灰砖的含水率达到 8%~12%。

(5)冬期施工时,在正温度条件下也应将砖面适当湿润后再砌筑。负温下施工无法浇砖时,应适当增大砂浆的稠度。对于 9 度抗震设防地区,在严冬无法浇砖情况下,不能进行砌筑。

## 3. 清水墙面游丁走缝

1)现象。

大面积的清水墙面常出现丁砖竖缝歪斜、宽窄不匀,丁不压中(丁砖在下层顺砖上不居中),清水墙窗台部位与窗间墙部位的上、下竖缝发生错位、搬家等,直接影响清水墙面的美观。

2）原因分析。

（1）砖的长、宽尺寸误差较大。如砖的长为正偏差，宽为负偏差，砌一顺一丁时，竖缝宽度不易掌握，稍不注意就会产生游丁走缝。

（2）开始砌墙摆砖时，未考虑窗口位置对砖竖缝的影响，当砌至窗台处分窗口尺寸时，窗的边线不在竖缝位置，使窗间墙的竖缝搬家，上下错位。

（3）里脚手砌外清水墙，需经常探身穿看外墙面的竖缝垂直度，砌至一定高度后，穿看墙缝不太方便，容易产生误差，稍有疏忽就会出现游丁走缝。

3）防治措施。

（1）砌筑清水墙，应选取边角整齐、色泽均匀的砖。

（2）砌清水墙前应进行统一摆底，并先对现场砖的尺寸进行实测，以便确定组砌方法和调整竖缝宽度。

（3）摆底时应将窗口位置引出，使砖的竖缝尽量与窗口边线相齐，如安排不开，可适当移动窗口位置（一般不大于 20 mm）。当窗口宽度不符合砖的模数（如1.8 m 宽）时，应将七分头砖留在窗口下部的中央，以保持窗间墙处上下竖缝不错位（图 10-5）。

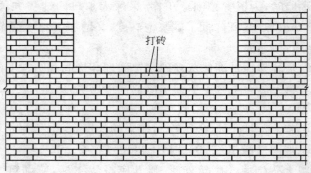

打砖

图 10-5　窗间墙上、下竖缝情况

（4）游丁走缝主要是丁砖游动所引起，因此在砌筑时，必须强调丁压中，即丁砖的中线与下层顺砖的中线重合。

（5）在砌大面积清水墙（如山墙）时，在开始砌的几层砖中，沿墙角 1 m 处，用线坠吊一次竖缝的垂直度，至少保持一步架高度有准确的垂直度。

（6）沿墙面每隔一定间距，在竖缝处弹墨线，墨线用经纬仪或线坠引测。当砌至一定高度（一步架或一层墙）后，将墨线向上引伸，以作为控制游丁走缝的基准。

## 4.“螺丝”墙

1）现象。

砌完一个层高的墙体时,同一砖层的标高差一皮砖的厚度,不能交圈。

2) 原因分析。

砌筑时,没有按皮数杆控制砖的层数。每当砌至基础顶面和在预制混凝土楼板上接砌砖墙时,由于标高偏差大,皮数杆往往不能与砖层吻合,需要在砌筑中用灰缝厚度逐步调整。如果砌同一层砖时,误将负偏差标高当作正偏差,砌砖时反而压薄灰缝,在砌至层高赶上皮数杆时,与相邻位置的砖墙正好差一皮砖,形成"螺丝"墙。

3) 防治措施。

(1) 砌墙前应先测定所砌部位基面标高误差,通过调整灰缝厚度,调整墙体标高。

(2) 调整同一墙面标高误差时,可采取提(或压)缝办法,砌筑时应注意灰缝均匀,标高误差应分配在一步架的各层砖缝中,逐层调整。

(3) 挂线两端应相互呼应,注意同一条平线所砌砖的层数是否与皮数杆上的砖层数相符。

(4) 当内外墙有高差,砖层数不好对照时,应以窗台为界由上向下倒清砖层数。当砌至一定高度时,可检查与相邻墙体水平线的平行度,以便及时发现标高误差。

(5) 在墙体一步架砌完前,应进行抄平弹半米线,用半米线向上引尺检查标高误差,墙体基面的标高误差,应在一步架内调整完毕。

## 5. 清水墙面水平缝不直,墙面凹凸不平

1) 现象。

同一条水平缝宽度不一致,个别砖层冒线砌筑;水平缝下垂;墙体中部(两步脚手架交接处)凹凸不平。

2) 原因分析。

(1) 由于砖在制坯和晾干过程中,底条面因受压墩厚了一些,形成砖的两个条面大小不等,厚度差 2~3 mm。砌砖时,如若大小条面随意跟线,必然使灰缝宽度不一致,个别砖大条面偏大较多,不易将灰缝砂浆压薄,因而出现冒线砌筑。

(2) 所砌的墙体长度超过 20 m,拉线不紧,挂线产生下垂,跟线砌筑后,灰缝就会出现下垂现象。

(3) 搭脚手排木直接压墙,使接砌墙体出现"捞活"(砌脚手板以下部位);挂立线时没有从下步脚手架墙面向上引伸,使墙体在两步架交接处,出现凹凸不平、水平灰缝不直等现象。

(4) 由于第一步架墙体出现垂直偏差,接砌第二步架时进行了调整,因而在两步架交接处出现凹凸不平。

3）防治措施。

（1）砌砖应采取小面跟线，因一般砖的小面楞角裁口整齐，表面洁净。用小面跟线不仅能使灰缝均匀，而且可提高砌筑效率。

（2）挂线长度超长（15～20 m）时，应加腰线。腰线砖探出墙面 30～40 mm，将挂线搭在砖面上，由角端检查挂线的平直度，用腰线砖的灰缝厚度调平。

（3）墙体砌至脚手架排木搭设部位时，预留脚手眼，并继续砌至高出脚手板面一层砖，以消灭"捞活"。挂立线应由下面一步架墙面引伸，立线延至下部墙面至少 0.5 m。挂立线吊直后，拉紧平线，用线坠吊平线和立线，当线坠与平线、立线相重，即"三线归一"时，则可认为立线正确无误。

# 三、墙体裂缝

## 1. 地基不均匀下沉引起墙体裂缝

1）现象。

（1）斜裂缝一般发生在纵墙的两端，多数裂缝通过窗口的两个对角，裂缝向沉降较大的方向倾斜，并由下向上发展（图 10-6）。横墙由于刚度较大（门窗洞口也少），一般不会产生太大的相对变形，故很少出现这类裂缝。裂缝多出现在底层墙体，向上逐渐减少。裂缝宽度下大上小，常常在房屋建成后不久就出现，其数量及宽度随时间而逐渐发展。

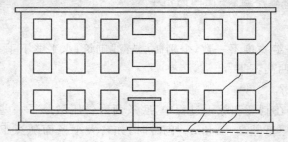

图 10-6　斜裂缝情况

（2）窗间墙水平裂缝一般在窗间墙的上下对角处成对出现，沉降大的一边裂缝在下，沉降小的一边裂缝在上（图 10-7）。

（3）竖向裂缝发生在纵墙中央的顶部和底层窗台处，裂缝上宽下窄。当纵墙顶层有钢筋混凝土圈梁时，顶层中央顶部竖直裂缝则较少。

2）原因分析。

（1）斜裂缝主要发生在软土地基上的墙体中，由于地基不均匀下沉，使墙体承受较大的剪切力，当结构刚度较差，施工质量和材料强度不能满足要求时，导

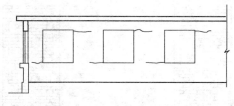

图 10-7　窗间墙水平裂缝

致墙体开裂。

（2）窗间墙水平裂缝产生的原因是，由于地基沉降量较大，沉降单元上部受到阻力，使窗间墙受到较大的水平剪力，发生上下位置的水平裂缝。

（3）房屋底层窗台下竖直裂缝，是由于窗间墙承受荷载后，窗台墙起反梁作用，特别是较宽大的窗口或窗间墙承受较大的集中荷载情况下（如礼堂、厂房等工程），建在软土地基上的房屋，窗台墙因反向变形过大而开裂，严重时还会挤坏窗口，影响窗扇开启。另外，地基如建在冻土层上，由于冻胀作用也可能在窗台处发生裂缝。

3）预防措施。

（1）加强地基探槽工作。对于较复杂的地基，在基槽开挖后应进行普遍钎探，待探出的软弱部位进行加固处理后，方可进行基础施工。

（2）合理设置沉降缝。凡不同荷载（高差悬殊的房屋）、长度过大、平面形状较为复杂，同一建筑物地基处理方法不同和有部分地下室的房屋，都应从基础开始分成若干部分，设置沉降缝使其各自沉降，以减少或防止裂缝产生。沉降缝应有足够的宽度，操作中应防止浇筑圈梁时将断开处浇在一起，或砖头、砂浆等杂物落入缝内，以免房屋不能自由沉降而发生墙体拉裂现象。

（3）加强上部结构的刚度，提高墙体抗剪强度。由于上部结构刚度较强，可以适当调整地基的不均匀下沉。故应在基础顶面（±0.000）处及各楼层门窗口上部设置圈梁，减少建筑物端部门窗数量。设计时，应控制长高比不要过大。操作中严格执行规范规定，如砖浇水润湿程度，改善砂浆和易性，提高砂浆饱满度，在施工临时间断处留置斜槎。对于非抗震设防地区及抗震设防烈度为6、7度地区的房屋，当留置直槎时，也应留成阳槎，并按规定加设拉结筋，坚决消灭阴槎和无拉结筋的做法。

（4）宽大窗口下部应考虑设混凝土梁或砌反砖券（图10-8），以适应窗台反梁作用的变形，防止窗台处产生竖直裂缝。为避免多层房屋底层窗台下出现裂缝，除了加强基础整体性外，也采取通长配筋方法加强。另外，窗台部位不宜使用过多的半砖砌筑。

4）治理方法。

（1）对于沉降差不大，且已不再发展的一般性细小裂缝，因不会影响结构的

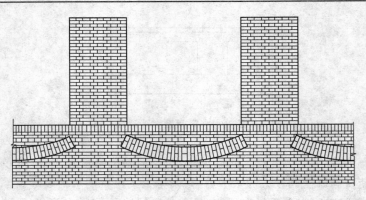

图 10-8　砌反砖券

安全和使用,采取砂浆堵抹即可。

(2) 对于不均匀沉降仍在发展,裂缝较严重且在继续开展的情况,应本着先加固地基后处理裂缝的原则进行。一般可采用桩基托换加固方法加固,即沿基础两侧布置灌注桩,上设抬梁,将原基础圈梁托起,防止地基继续下沉。然后根据墙体裂缝的严重程度,分别采用灌浆充填法(1：2 水泥砂浆)、钢筋网片加固法(250 mm×250 mm φ5～φ6 钢筋网,用穿墙拉筋固定于墙体两侧,上抹35 mm厚 M10 水泥砂浆或 C20 细石混凝土)、拆砖重砌法(拆去局部砖墙,用高于原强度等级一级的砂浆重新砌筑)进行处理。

## 2. 温度变化引起的墙体裂缝

1) 现象。

(1) 八字裂缝。出现在顶层纵墙的两端(一般在 1～2 开间的范围内),严重时可发展到房屋 1/3 长度内(图 10-9),有时在横墙上也可能发生。裂缝宽度一般中间大、两端小。当外纵墙两端有窗时,裂缝沿窗口对角方向裂开。

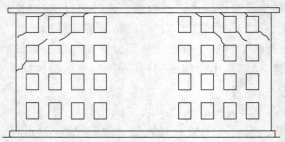

图 10-9　八字裂缝情况

(2) 水平裂缝。一般发生在平屋顶屋檐下或顶层圈梁下 2～3 皮砖的灰缝位置,裂缝一般沿外墙顶部断续分布,两端较中间严重,在转角处往往形成纵、横墙相交而成的包角裂缝(图10-10)。

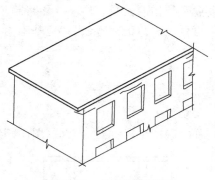

图 10-10　水平裂缝情况

(3) 竖向裂缝。对于一些长度较大的房屋,在纵墙中间部位可能出现竖向裂缝,裂缝宽度中间大、两端小。

(4) 上述裂缝多出现在房屋建成后1~2年内,具有南面、西面重,北面、东面轻的特点,大多数裂缝经过夏季或冬季后出现。

2) 原因分析。

(1) 八字裂缝一般发生在平屋顶房屋顶层纵墙面上。这种裂缝的产生往往是在夏季屋顶圈梁、挑檐混凝土浇筑后,保温层未施工前。由于混凝土和砖砌体两种材料线胀系数的差异(前者比后者约大1倍),在较大温差情况下,纵墙因不能自由缩短,在两端产生八字裂缝。无保温屋盖的房屋,在夏、冬季气温中变化,也容易产生八字裂缝。裂缝之所以发生在顶层,还由于顶层墙体承受的压应力较其他各层小,从而砌体抗剪强度比其他各层要低的缘故。

(2) 檐口下水平裂缝、包角裂缝,在较长的多层房屋楼梯间处、楼梯休息平台与楼板邻接部位发生的竖直裂缝,以及纵墙上的竖直裂缝(图10-11),产生的原因与上述原因相同。

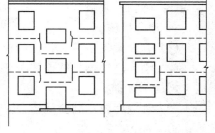

图 10-11　竖直裂缝

3) 预防措施。

(1) 合理安排屋面保温层施工。由于屋面结构层施工完毕至做好保温层中间有一段时间间隔,因此屋面施工应尽量避开高温季节,同时应尽量缩短间隔时间。

(2) 屋面挑檐可采取分块预制或者顶层圈梁与墙体之间设置滑动层。

(3) 按规定留置伸缩缝,以减少温度变化对墙体产生的影响。伸缩缝内应清理干净,避免碎砖或砂浆等杂物填入缝内。

4）治理方法。

此类裂缝一般不会危及结构的安全，且 2～3 年将趋于稳定，因此，对于这类裂缝可待其基本稳定后再做处理。治理方法与"地基不均匀下沉引起墙体裂缝"基本相同。

### 3. 大梁处的墙体裂缝

1）现象。

大梁底部的墙体（窗间墙）产生局部竖直裂缝（图 10-12）。

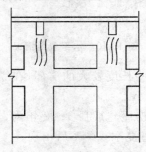

图 10-12 局部竖直裂缝

2）原因分析。

（1）大梁下面墙体竖直裂缝，主要由于未设梁垫或梁垫面积不足，砖墙局部承受荷载过大引起。

（2）该部位墙体厚度不足或未砌砖垛。

（3）砖和砂浆强度偏低，施工质量较差。

3）预防措施。

（1）有大梁集中荷载作用的窗间墙应有一定的宽度（或加垛）。

（2）梁下应设置足够面积的现浇混凝土梁垫。当大梁荷载较大时，墙体尚应考虑横向配筋。

（3）对宽度较小的窗间墙，施工中应避免留脚手眼。

4）治理方法。

由于此类裂缝属受力裂缝，将危及结构的安全，因此一旦发现，应尽快进行处理。首先由设计部门根据砖和砂浆的实际强度并结合施工质量情况进行复核验算，如果局部受压不能满足规范要求，可会同施工部门采取加固措施。处理时，一般应先加固结构，后处理裂缝。对于情况严重者，为确保安全，必要时在处理前应采取临时加固措施，以防墙体突然性破坏。

# 四、毛石和料石墙

## 1. 组砌不良

1）现象。

（1）毛石墙上下各皮的石缝连通，形成垂直通缝。

（2）石墙各皮砌体中的石块相互没有拉结，形成两片薄墙，施工中易出现坍塌。

2）原因分析。

（1）石块体形过小，造成砌筑时压搭过少。

（2）砌筑时没有针对已有砌体状况，选用了不适当体形的石块。

（3）对形状不良的石块砌筑前没有加工。

（4）石块砌筑方法不正确，造成墙体稳定性降低（图10-13）。

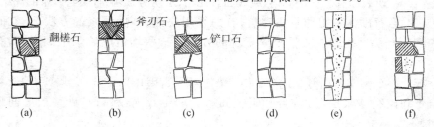

**图 10-13　砌筑方法不正确**

(a)翻槎面；(b)斧刃面；(c)铲口面；(d)双合面；(e)填心；(f)桥式

3）预防措施。

（1）毛石过分凸出的尖角部分应用锤打掉。斧刃石（刀口石）必须加工后，方可砌筑。

（2）应将大小不同的石块搭配使用，不得将大石块全部砌在外面，而墙心用小石块填充。

（3）毛石砌体宜分皮卧砌，应利用各皮石块自然形状，经修凿使之能与先砌石块错缝搭砌。

（4）砌乱毛石墙时，毛石宜平砌，不宜立砌。每一石块要与上下、左右的石块有叠靠，与前后的石块有交搭，砌缝要错开，使每一石块既稳定又与其四周的其他石块交错搭接，不能有松动、孤立的石块。

（5）毛石砌体必须设置拉结石。拉结石应均匀分布，相互错开，每 0.7 m² 墙面至少设置一块，且同皮内的中距不应大于 2 m。拉结石的长度，当墙厚≤400 mm 时，应与墙厚相等；当墙厚大于 400 mm，可用两块拉结石内外搭接，搭接长度不应小于 150 mm,且其中一块长度不应小于墙厚的 2/3。

（6）毛石墙的第一皮及转角处、交接处和洞口处,应用较大的平毛石砌筑。

4）治理方法。

（1）墙体两侧表面形成独立墙,并在墙厚方向无拉结的毛石墙,其承载力低,稳定性差,在水平荷载作用下极易倾倒,因此,必须返工重砌。

（2）对于错缝搭砌和拉结石设置不符合规定的毛石墙,应及时局部修整重砌。

## 2. 石块黏结不牢

1）现象。

（1）石块之间无砂浆,即石块直接接触形成"瞎缝"。

（2）石块与砂浆黏结不牢,个别石块出现松动。

（3）石块叠砌面的粘灰面积（砂浆饱满度）小于 80％。

2）原因分析。

（1）石块表面有风化层剥落,或表面有泥垢、水锈等,影响石块与砂浆的黏结。

（2）毛石砌体不用铺浆法砌筑,有的采用先铺石、后灌浆的方法,还有的采用先摆碎石块后塞砂浆或干填碎石块的方法。这些均造成砂浆饱满度低,石块黏结不牢。

（3）料石砌体采用有垫法（铺浆加垫法）砌筑,砌体以垫片（金属或石）支承石块自重和控制砂浆层厚度,当砂浆凝固后会产生收缩,料石与砂浆层之间形成缝隙。

（4）砌体灰缝过大,砂浆收缩后形成缝隙。

（5）砌筑砂浆凝固后,碰撞或移动已砌筑的石块。

（6）毛石砌体当日砌筑高度过高。

3）预防措施。

（1）石砌体所用石块应质地坚实,无风化剥落和裂纹。石块表面的泥垢和影响黏结的水锈等杂质应清除干净。

（2）石砌体应采用铺浆法砌筑。砂浆必须饱满,其饱满度应大于 80％。

（3）料石砌筑不准用先铺浆后加垫,即先按灰缝厚度铺上砂浆,再砌石块,最后用垫片调整石块的位置。也不得采用先加垫后塞砂浆的砌法,即先用垫片按灰缝厚度将料石垫平,再将砂浆塞入灰缝内。

（4）毛石墙砌筑时,平缝应先铺砂浆,后放石块,禁止不先坐灰而由外面向缝内填灰的做法。竖缝必须先刮碰头灰,然后从上往下灌满竖缝砂浆。

（5）毛石墙石块之间的空隙（即灰缝）≤35 mm 时,可用砂浆填满；>35 mm 时,应用小石块填稳填牢,同时填满砂浆,不得留有空隙。严禁用成堆小石块填塞。

（6）按施工规范要求控制砂浆层厚度。有关规定如下：

毛石砌体的灰缝厚度宜为 20～30 mm。

料石砌体的灰缝厚度按不同种类料石分别不宜大于下述数值：细料石≤5 mm；半细料石≤10 mm；粗料石和毛料石≤20 mm。

（7）砌筑砂浆凝固后，不得再移动或碰撞已砌筑的石块。如必须移动再砌筑时，应将原砂浆清理干净，重新铺砂浆。

（8）毛石砌体每日的砌筑高度不应超过 1.2 m。

4）治理方法。

当出现石块松动、敲击墙体听到空洞声以及砂浆饱满度严重不足时，将大大降低墙体的承载力和稳定性，因此必须返工重砌。

表 10-1 列出砂浆饱满度与砌体抗压强度的关系。

表 10-1　砂浆饱满度与砌体抗压强度的关系

| 砂浆饱满度(%) | 50 | 75 | 80 | 95 |
| --- | --- | --- | --- | --- |
| 相对强度(%) | 64 | 97 | 100 | 121.4 |

注：① 施工质量验收规范要求水平灰缝饱满度达到 80%，故以此时的强度作为 100%；

② 表中数据是根据料石砌体试验而得。

对个别松动石块或局部小范围的空洞，也可采用局部掏去缝隙内的砂浆，重新用砂浆填实。

## 3. 墙面垂直度及表面平整度误差过大

1）现象。

（1）墙面垂直度偏差超过规范规定值。

（2）墙表面凹凸不平，表面平整度超过规范规定值。

2）原因分析。

（1）砌墙未挂线。砌乱毛石时，未将石块的平整大面放在正面。

（2）砌筑时没有随时检查砌体表面的垂直度，以致出现偏差后未能及时纠正。

（3）砌乱毛石墙时，将大石块全部砌在外面，里面全部用小石块，以致墙里面灰缝过多，造成墙面向内倾斜。

（4）在浇筑混凝土构造柱或圈梁时，墙体未采取必要的加固措施，以致将部分石砌体挤动变形，造成墙面倾斜。

3）预防措施。

（1）砌筑时必须认真跟线。在满足墙体里外皮错缝搭接的前提下，尽可能将石块较平整的大面朝外砌筑。球形、蛋形、粽子形或过于扁薄的石块未经修凿不得使用。

(2) 砌筑中认真检查墙面垂直度,发现偏差过大时,及时纠正。

(3) 砌乱毛石墙时,应将大小不同石块搭配使用,禁止外表面全用大石块里面用小石块填心的做法。

(4) 浇筑混凝土构造柱和圈梁时,必须加好支撑。混凝土应分层浇灌,振捣不过度。

4) 治理方法。

(1) 墙面垂直度偏差过大,影响承载力和稳定性,应返工重砌。个别检查点的垂直度偏差超出规定不多,又不便处理时,可不作处理。

(2) 表面严重凹凸不平影响外观时,应返修或修凿处理。

## 4. 墙身标高误差过大

1) 现象。

(1) 层高或圈梁底标高误差过大。

(2) 门窗洞口标高偏差过大。

2) 原因分析。

(1) 砌料石墙时,不按规范规定设置皮数杆,或皮数杆计算或画法错误,标记不清。

(2) 皮数杆安装的起始标高不准;皮数杆固定不牢固,错位变形。

(3) 砌筑时不按皮数杆控制层数。

(4) 乱毛石墙没有分层(皮)砌筑,或分层高度控制失误。

3) 防治措施。

(1) 画皮数杆前,应根据图纸要求的石块厚度和灰缝最大厚度限值,计算确定适宜的灰缝厚度。当无法满足设计标高要求时,应及时办理技术核定。

(2) 立皮数杆前先测出所砌部位基面标高误差。当第一层灰缝厚度大于20 mm时,应用细石混凝土铺垫。

(3) 皮数杆标记要清楚;安装标高要准确,安装应牢固,经过逐个检查合格后方可砌筑。

(4) 砌筑时应按皮数杆拉线控制标高。

(5) 砌筑料石墙时,砂浆铺设厚度应略高于规定灰缝厚度值,其高出厚度为:细料石和半细料石宜为3~5mm,粗料石和毛料石宜为6~8 mm。

(6) 在墙体第一步架砌完前,应弹(画)出地面以上50 cm线,用来检查复核墙体标高误差。发现误差应在本步架标高内予以调整。

(7) 砌乱毛石墙接近平口时,应先量好离平口处尚有多高,然后选择大小和厚度适当的石块砌筑,以控制标高准确,墙顶面基本平整,个别低凹处不得超过规定值20 mm。

## 五、石砌挡土墙

石砌挡土墙一般有三种类型，即毛石挡土墙、毛料石挡土墙以及毛料石和乱毛石组合挡土墙。毛石挡土墙的质量通病防治参见本部分"四、毛石和料石墙"有关内容。

### 1. 毛料石挡土墙组砌不良

1）现象。

（1）上下两层石块不错缝搭接或搭接长度太少。

（2）同皮内采用丁顺相间组砌时，丁砌石数量太少（中心距过大）。

（3）采用同皮内全部顺砌或丁砌时，丁砌层层数太少。

（4）阶梯形挡土墙各阶梯的标高和墙顶标高偏差过大。

2）原因分析。

（1）不执行施工规范和操作规程的有关规定。

（2）不按设计要求和石料的实际尺寸，预先计算确定各段应砌皮数和灰缝厚度。

3）防治措施。

（1）毛料石挡土墙应上下错缝搭砌。阶梯形挡土墙的上阶梯料石至少压砌下阶梯料石宽的 1/3。

（2）同皮内采用丁顺相间组砌时，丁砌石应交错设置，其中心距不应大于 2 m。

（3）毛料石挡土墙厚度大于或等于两块石块宽度时，可以采用同皮内全部顺砌，但每砌两皮后，应砌一皮丁砌层。

（4）按设计要求、石料厚度和灰缝允许厚度的范围，预先计算出砌完各段、各皮的灰缝厚度，如果上述三项要求不能同时满足时，应提前办理技术核定或设计修改。

### 2. 挡土墙里外层拉结不良

1）现象。

挡土墙里外两侧用毛料石，中间填砌乱毛石，两种石料间搭砌长度不足，甚至未搭砌，形成里、中、外三层砌体。

2）原因分析。

（1）砌毛料石时，未砌拉结石或拉结石数量太少，长度太短。

（2）中间的乱毛石部分不是分层砌筑，而是采用抛投方法填砌。

3）预防措施。

（1）料石与毛石组砌的挡土墙中，料石与毛石应同时砌筑，并每隔 2～3 皮料石层用丁砌层与毛石砌体拉结砌合。丁砌料石的长度宜与组合墙厚度相同。

（2）采用分层铺灰分层砌筑方法，不得采取投石填心做法。

（3）料石与毛石组砌的挡土墙，宜采用同皮内丁顺相间的组合砌法，丁砌石的间距不大于 1～1.5 m。中间部分砌筑的乱毛石必须与料石砌平，保证丁砌料石伸入毛石部分的长度不小于 20 cm。

4）治理方法。

参见"组砌不良"的治理方法。

### 3. 挡土墙后积水

1）现象。

挡土墙身未留泄水孔，或泄水孔堵塞，或墙后泄水孔口漏做疏水层，或排水坡度不够，墙后土中积水严重，挡土墙同时挡土和水，内力明显加大，造成墙体倾斜变形、开裂，甚至倒塌。

2）原因分析。

（1）未按图纸要求留设泄水孔，或留孔方法错误造成堵塞。

（2）未按施工规范规定或图纸要求铺设疏水层。

（3）墙体内侧未按规定做出泛水坡度，墙根处残留的施工材料和土未清理。

3）预防措施。

（1）砌筑挡土墙应按设计要求留设泄水孔。泄水孔宜采用抽管方法留置，并随时检查泄水孔是否畅通，若出现堵塞，应及时疏通或返修。

（2）墙后回填土中，应在泄水孔口及附近范围做疏水层，当设计无具体规定时，可在泄水孔水平面上填放宽 30cm、厚 20cm 的碎石或卵石作疏水层，以利于土内积水顺泄水孔排出。

（3）挡土墙顶土面应有适当坡度，使地表水流向挡土墙外侧面。

4）治理方法。

（1）因墙后积水不能顺利排除，挡土墙产生变形、开裂，但无倾倒危险者，可及时疏通泄水孔。若泄水仍不通畅，则应挖除墙后填土，检查是否留有漏做疏水层等隐患，针对发现的问题采取相应的返修措施。

（2）当墙身倾斜严重可能导致倒塌时，应划出安全警戒区，并及时挖除墙后填土减载，防止事故恶化，然后与有关方再商定处理方法。

# 六、石砌体勾缝

### 1. 勾缝砂浆黏结不牢

1）现象。

勾缝砂浆与砌体结合不良，甚至开裂和脱落，严重时造成渗水漏水。

2)原因分析。

（1）砌筑或勾缝砂浆所用砂子含泥量过大，影响石材和砂浆间的黏结。

（2）砌体的灰缝过宽，勾缝时采取一次成活的做法，勾缝砂浆因自重过大而引起滑坠开裂。当勾缝砂浆硬结后，由于雨水或湿气渗入，促使勾缝砂浆从砌体上脱落。

（3）砌石过程中未及时刮缝，影响勾缝挂灰。从砌石到勾缝，其间停留时间过长，灰缝内有积灰，勾缝前未清扫干净。

（4）勾缝砂浆水泥含量过大，养护不及时，发生干裂脱落。

3)预防措施。

（1）要严格掌握勾缝砂浆配合比（宜用1：1.5水泥砂浆），禁止使用不合格的材料，宜使用中粗砂。

（2）勾缝砂浆的稠度一般控制在4~5 cm。

（3）凸缝应分两次勾成，平缝应顺石缝进行，缝与石面抹平。

（4）勾缝前要进行检查，如有孔洞应填浆加塞适量石块修补，并先洒水湿缝。刮缝深度宜大于2 cm。

（5）勾缝后早期应洒水养护，以防干裂、脱落，个别缺陷要返工修理。

4)治理方法。

凡勾缝砂浆严重开裂或脱落处，应将勾缝砂浆铲除，按要求重新勾缝。

## 2. 勾缝形状不符合要求，墙面污染

1)现象。

（1）勾缝表面低于石材面，缝深浅不一致、搭接不平整。

（2）料石墙勾缝横平竖直偏差过大，毛石墙勾缝与自然砌合缝不一致。

（3）石墙表面污染严重。

2)原因分析。

不按设计要求和施工规范规定施工，操作马虎。

3)防治措施。

（1）墙面勾缝应深浅一致、搭接平整并压实抹光，不得有丢缝、开裂等缺陷。

（2）当设计无特殊要求时，石墙勾缝应采用凸缝或平缝。料石墙缝应横平竖直，毛石墙勾缝应保持砌合的自然缝。

（3）勾缝完毕应清扫墙面。

# 参 考 文 献

[1] 国家标准:GB 50203—2011 砌体结构工程施工质量验收规范[S].

[2] 行业标准:JGJ/T 98—2010 砌筑砂浆配合比设计规程[S].

[3] 孔蓬欧. 房屋构造[M]. 北京:中国环境科学出版社,2003.

[4] 郭斌. 砌筑工[M]. 北京:机械工业出版社,2005.

[5] 北京土木建筑学会. 砌筑工[M]. 北京:中国计划出版社,2006.

[6] 中国建筑总公司. 建筑砌体工程施工工艺标准[M]. 北京:中国建筑工业出版社,2003.

[7] 廖代广. 土木工程施工技术[M]. 武汉:武汉理工大学出版社,2002.

[8] 建设部人事教育司. 砌筑工[M]. 北京:中国建筑工业出版社,2002.

[9] 叶刚. 砌筑工[M]. 北京:金盾出版社,2006.

[10] 朱照林. 砌筑工长实用技术手册[M]. 北京:中国电力出版社,2008.

[11] 侯君伟. 砌筑工手册[M]. 北京:中国建筑工业出版社,2006.

[12] 本书编委会. 建筑业 10 项新技术(2011)应用指南[M]. 北京:中国建筑工业出版社,2011.